U0042650

超狂三視圖絕讚收錄

# 甲蟲超人
# 超圖解

作者／黑貓老師
三視圖攝影／蕭聖翰

序

Author order

我小的時候，我媽是國小老師，我是同一間國小的學生。

低年級比較早放學，所以我在等我媽下班的時間，都會被她塞進圖書館，某一次突然發現一本橘色書皮介紹獨角仙與鍬形蟲飼養的漫畫。

不翻還好，一翻驚為天人，從此踏上了養蟲的不歸路。一天到晚吵著老媽帶我上山抓蟲，然後還真的抓到了幾隻獨角仙，一養就是好幾代。

接著上了國中，開始了每天 K 書準備考試的日子，漸漸的就沒有在養蟲了，就這樣過了十幾年，我從當年的國中生，變成了一群國中生的老師…

「你們幾個，都放學多久了，怎麼還沒回家！？」

某次下班的路上，我發現我們班的一群小男生成群結隊的在路邊遊蕩。

「我們剛剛去抓獨角仙！」這群學生面帶炫耀地舉起箱子，展現他們一下午的戰利品，裡面一大堆獨角仙，那個充滿成就感的燦爛笑容跟我以前完全一模一樣！

我叮嚀他們只能留自己要養的數量，其他的應該放回大自然後，晚上自己也去山上抓了一對回家，回鍋重返養蟲的領域，而且這次已經是社會人士了，銀彈充足，一下就從各蟲店買一堆小時候養不起的稀有蟲，圓了小時候的夢想。

不過稀有蟲之所以稀有，就是因為很少人養，所以資訊不多，還好我自己有多年的阿宅經驗，網路跟日文略懂略懂，遇到不會養的蟲就上網連到國外找答案，並整理了一篇一篇的筆記。

反正資料都整理好了，不如乾脆把自己養蟲的心得也整理進去，貼到網路上留個紀錄「搞不好會有別人需要也說不定」……於是，《黑蟲倉庫》就誕生了。

過了幾年，我在因緣際會下，遇到了野人文化的編輯們，並鼓起了勇氣對野人文化提到「我想出一本甲蟲書」的計畫，謝天謝地，提案通過啦！出書這幾年，歷盡艱辛，拖稿拖了好幾百次，時間都夠養出一代長戟大兜了，最後總算是完成了這本《甲蟲超人超圖解》。

裡面收錄了我與夥伴們至今以來各種飼育心得，以及最精華的照片。

希望大家喜歡！

本書能出版要感謝的人實在太多了！

首先要感謝我媽，沒有她開車帶我去三地門抓我人生的第一隻獨角仙，就不會有這本書的出現。

接著感謝我老婆，能容忍我養了一堆蟲，這些蟲一天到晚發出噪音，還會逃出飼育箱到處嚇人，光是養著就會生出一堆果蠅、木蚋等雜蟲，我寫書的時候還會一天到晚崩潰鬼叫或在地上滾來滾去，但我老婆還是忍受了這一切，沒把我跟蟲一起掃地出門。

感謝我的責任編輯 LINA，沒有她的催稿與協助，這本書真的不知道要拖幾百年才出得來。

感謝《這是我記錄甲蟲與生活小事之地》的聖翰，除了教我養兜以外，還提供超棒的照片，尤其是三視圖真的超厲害的啦！

感謝《安達瘋》的胡老師，我當初就是受到胡老師的文章啟蒙才會開始整理飼育筆記，這本書裡面微距與甲蟲特寫的照片也幾乎全是胡老師提供的。

感謝《AK beetle shop》的志穎，沒有 AK 木屑的助攻，我也養不出什麼大蟲，許多大傢伙的照片也都是志穎幫我拍的！不然我根本養不出 179mm 的長戟！

感謝《酷力將》的小粉，教我怎麼養巨大鍬跟幫我把彩虹鍬拍出七色的絢爛。

感謝《南投甲蟲館》的小藍不藏私分享各種圓翅的飼育祕訣。

感謝《白羊工作室》的羊羊分享的超大型兩點赤鍬形蟲。

感謝《帝王陵寢》的阿貴，除了教我養帝王扁以外，更用昆蟲系的專業幫我挑出好多錯誤觀念。

感謝秉生跟軒霆，幫我管理黑蟲倉庫的社團。

感謝不管在任何時候都情義相挺，支持我繼續創作下去的黑貓小隊，還有所有支持黑貓老師與黑蟲倉庫的朋友們！

謝謝大家，我愛你們。

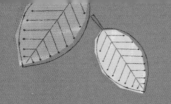

# Chapter 1

# 介紹一下
## 甲蟲吧！

長戟大兜
*Dynastes hercules lichyi*

巴拉望巨扁鍬形蟲
*Dorcus titanus palawanicus*

# 什麼是甲蟲？

好！在各位踏上甲蟲飼育大師的道路之前，我們先講點最基本的。

## 「什麼是甲蟲？」

甲蟲，顧名思義就是殼很硬的昆蟲，因為就像是穿了盔甲一樣，所以叫做甲蟲。畢竟在大自然生存超難。於是有些身體軟綿綿的阿蟲，前翅演化得超硬，像是刀鞘一樣，強化過的前翅就能保護脆弱的後翅與腹部，我們就將這種蟲獨立成一個分類：「鞘翅目」，也就是俗稱的「甲蟲」。

細身赤鍬形蟲（*Cyclommatus scutellaris*）常見於台灣中低海拔。甲蟲被一身堅硬又帥氣的外骨骼包覆，有的甲蟲有華麗的長角、有的甲蟲有霸氣的大顎、有的甲蟲則是身上閃爍著繽紛的色彩。

在世界各地許多出土的文化古蹟裡，也常常發現甲蟲的圖案或是裝飾品。有些國家甚至還會把甲蟲拿來當料理吃，或是當藥吃呢！所以不論國內外，都有許多飼育家、標本收藏家以及昆蟲學者對甲蟲深深著迷。總之，甲蟲的形象深入了人類各個文明，在人類的歷史中占了一席之地呢！

鞘翅目是昆蟲分類中最龐大的一目，目前光已知的種類就超過40萬種！占了已知的昆蟲種類40%，更是全世界的生物種類的25%，每4個生命體就有1個是甲蟲。

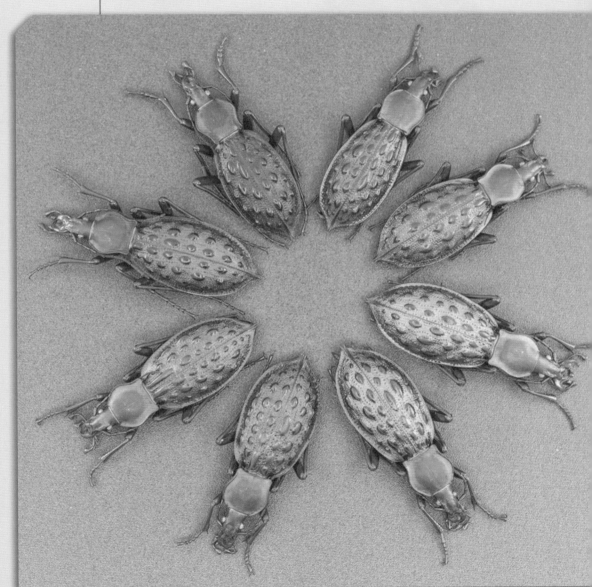

# 大家都養什麼甲蟲？

雖然甲蟲有超～多種，但最受歡迎，也最多人養的前三名，絕對是這三種：

獨角仙
（獨角仙 *Allomyrina dichotomus*）

鍬形蟲
（台灣扁鍬形蟲 *Dorcus titanus sika*）

金龜子
（藍艷白點花金龜 *Protaetia inquinata*）

CHECK POINT

· 其他甲蟲雖然也很常見，但因為種種原因，飼養的人比較少，原因不外乎是難抓、難養，愛咬人、容易斷腳或是會發出怪味。
· 各種獨角仙也被稱為兜蟲。金龜子主要會分成麗金龜跟花金龜兩大類，但是因為花金龜的習性與飼養方式與兜鍬較接近，所以蟲界常見的金龜通常都是花金龜。

# 甲蟲住哪邊？

甲蟲生存能力極強，飛天遁地都沒問題，所以不論是森林裡、草原、土中，甚至水裡都找得到甲蟲。

本書的主角們：「獨角仙」、「鍬形蟲」跟「花金龜」大都住在樹林裡。而山上的開發較少，樹比較多，所以蟲也比較多。

不同的海拔有不同的甲蟲棲息，低海拔的蟲往往適應力比較強，所以在高海拔找得到；但高海拔的蟲通常怕熱，所以平地上是很難找到的。

另外，不同的樹種也會吸引不同的甲蟲，例如獨角仙特愛光臘樹。

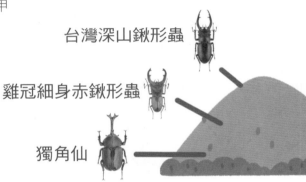

台灣深山鍬形蟲

雞冠細身赤鍬形蟲

獨角仙

青剛櫟、台灣欒樹上常常能發現扁鍬、烏桕能找到高砂鋸；柑橘園常有鬼艷鍬形蟲。

苦楝、落羽松、羅漢松、光蠟樹、茄苳等等會流樹液的樹，也都可能會有甲蟲棲息喔！

CHECK POINT

了解阿蟲住哪裡，對於野外採集以及飼育會有很大的幫助（尤其在於溫度控制的環節，這個之後會提到）。

# 甲蟲的一生

昆蟲的成長型態主要分成兩種：
● 一種是若蟲跟成蟲長得差不多的「不完全變態」（例如蟋蟀、蟑螂）。
● 另一種就是幼蟲跟成蟲完全不同樣貌的「完全變態」（例如蝴蝶、蜜蜂）。
甲蟲是屬於後者：「完全變態」。

一生的週期會從卵開始。

幼蟲脫皮一次後，就會成為二齡幼蟲，簡稱「L2」。

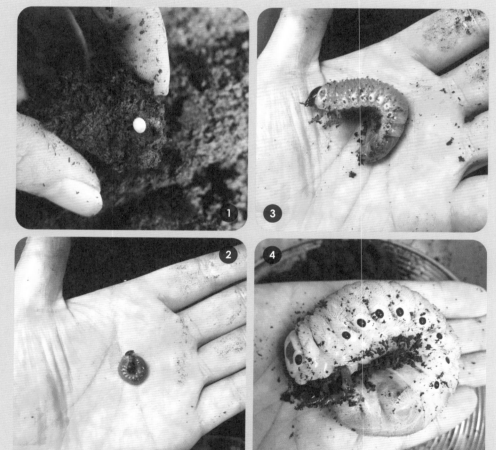

接著孵化成為一齡幼蟲，飼育家會簡稱成「L1」。

再脫皮一次成為三齡幼蟲，簡稱「L3」、或稱終齡幼蟲。

接著，三齡幼蟲吃夠了，覺得時機成熟的時候，就會找個堅固的地方蓋房間，並在這間「蛹室」裡面化蛹。

成為蛹後，幼蟲會用數十天或數個月，長成甲蟲的型態，並羽化成蟲。

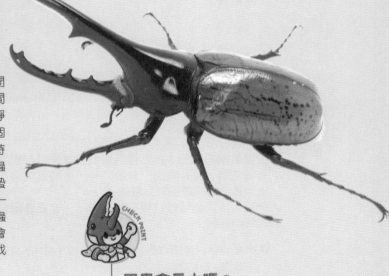

成蟲後，阿蟲還不會馬上開始動，還需要等待一段時間讓體內的器官成熟，而靜靜的待在蛹室休息，偶爾翻個身，動動翅膀跟腳，這段時間叫「蟄伏期」。視不同蟲種跟溫度會有不同長度的蟄伏期。快則 2～3 周，慢一點甚至要一整年，直到阿蟲身心都準備好了以後，才會挖破蛹室，開始找食物跟找尋交配繁衍的對象。

CHECK POINT

### 甲蟲會長大嗎？

甲蟲一旦羽化後，身體尺寸就固定了，不論給他多少食物都不會再長大囉！

# 抓蟲大絕招！

有時候不用跑很遠，只要在郊區，運氣好就可以撿到甲蟲囉！但如果想要與帥氣的獨角仙與鍬形蟲相遇，不妨主動出擊吧！

在出發前，一定要了解野外採集伴隨著一定程度的危險！沒做好充分準備前，絕對不可以貿然出發！而且，最好是找幾位有經驗的夥伴一同前往，一來可以互相照應，二來過程也不會無聊！

## 抓蟲的時間

大多數的甲蟲都是夜行性，加上蟲有趨光性，喜歡往燈光飛，所以想抓蟲建議在晚上出擊（不過如果知道棲地、蟲點的話，在白天與傍晚也是可以從樹上與樹洞、樹縫中找到它們喔！）

鍬形蟲因為身體比較扁，所以常常躲在樹縫中。

裝備是很重要的！由於抓蟲勢必得非常接近樹叢，難以避免的會遇上各種危機，像是曬傷、蚊蟲叮咬，有時候會有毛毛蟲或是毒蛾飛到身上，更危險的就是遇到毒蛇！
所以在準備的時候絕對不能馬虎，一定要確保自己是在安全的環境下尋找阿蟲喔！

- 抓蟲的必備裝備：帽子、長袖、長褲、長襪、靴子、水壺、防曬、防蚊、手電筒（夜間）。
- 可能會遇到的危險：曬傷、脫水、蚊蟲咬傷、毒蟲、毒蛇、山豬、野狗。

接下來要講的，就是各種抓蟲的方法了！

## 第一招「搖樹」

搖樹是非常經典的抓蟲法，基本上就是：

1 找到特別的樹，或是燈附近的樹
2 用力給他搖個幾下
3 敏感的甲蟲們就會大吃一驚然後縮腳掉下來。

一定要注意避開電線
否則有觸電危機

但是！搖樹也是很危險的，例如有些人用飛踢的方式去搖，伴隨而來的結果就是滑倒或腳扭到。有時候搖一搖還會搖到蛇！

所以較理想的方法是用蟲竿搭配勾子，站遠一點搖，不但安全、方便，蟲掉下來的時候也好看清楚掉到哪裡去，不然有時候就算搖到蟲，昏暗的燈光加上一堆雜草、樹枝跟落葉，就算把蟲搖下來也找不到它在哪。

## 第二招「撈花」

「撈花」是抓花金龜的技巧。

找到花，用網子從下面撈，卡到樹枝就搖一搖。

## 第三招「劈木」

帶著堅硬的工具，螺絲起子或是木工用具，在路邊找到腐朽的闊葉木，就把他劈開看看有沒有蟲。

但是，這種方式對於生態的傷害較大，經驗不夠或是樹種不熟的話，通常都只是挖一堆雜蟲而已，而且被挖出來的通常也不會帶回家養，往往是被丟路邊等死，所以不建議大家用這招。

# 第四招「鳳梨陷阱」

準備好鳳梨或鳳梨皮，放久一點有發酵的更好，運氣好就會吸引到一堆蟲了（當然運氣不好也有可能抓到一堆螞蟻）。

放在高處或是樹下都可以，如果是附近有路燈的話有加成的效果。

通常位置放對了，就能捕到一大堆蟲！

不過各種蟲都有可能出現，有時候放好的陷阱還會被其他蟲友劫走，或是被當垃圾收走。

# 第五招「撿燈」

撿燈算是最實際也最簡單的一招了。到鄉下一點，或是山區，找到燈，通常容易發現趨光而來的大量昆蟲，其中也會有不少的甲蟲。

像是便利商店、公廁還有路燈，這些都是很容易吸引蟲的地方。

不過新型的LED都是不吸引蟲的設計，找舊式燈管的才會有比較多蟲。

另外，有一些蟲對光源很傲嬌，會先飛往光源，但落地後卻反而會往暗處躲，所以路燈附近的樹、樹洞、水溝之類的也是找蟲的重點區域。

## 最後一招「點燈」

點燈是最強的抓蟲法。但也最麻煩,需要準備大顆電瓶或發電器、超亮的燈、一堆架子跟白色的布,主動到黑漆漆的山裡製造光源吸引昆蟲。

因為要找伸手不見五指的地方最有效果,所以通常是開車往山裡跑。

找到一個好位置,確認安全性後就把燈跟布架起來。

接下來就只要耐心等待就好。

白布除了看起來比較亮以外，也能讓飛
過來的蟲攀抓用，以免甲蟲飛過來沒地
方抓，飛到懸崖邊的樹上就抓不到了。

CHECK POINT

1. 絕對，絕對，絕對不要一個人上山抓蟲，很危險喔！
2. 國家公園以及保護區是禁止抓蟲的喔！
3. 保育類的千萬不能抓！
4. 記得把垃圾帶走！
5. 滿月的日子會干擾蟲的趨光性。
6. 下雨天會影響蟲的嗅覺跟飛行，所以通常就沒蟲抓了。
7. 出發前可以先查月亮圓缺、氣溫跟風勢。
8. 絕對要避開電線。

# 集合啦，蟲友們

台灣有很多養甲蟲的人，但其實養甲蟲還是一項很冷門的興趣。找蟲友有時候比找甲蟲還困難。

有時候蟲一不小心生太多、還是想幫自己的蟲找老婆，或是想揪團上山抓蟲，這時候就是蟲友們互助合作的時候了！

說真的，除了剛好住在蟲店附近的朋友以外，大部分的甲蟲飼育家都非常依賴網路，在網路上有許多的論壇、社團，甚至是網路蟲店，可以讓你宅在家也能買齊所有想要的活體與耗材。所以趕快上網找幾個甲蟲社團加入吧！

這些是黑蟲倉庫的夥伴們各自經營的社群，沒有他們的協助就沒有這本書，知道蟲友們的重要了吧！

 CHECK POINT

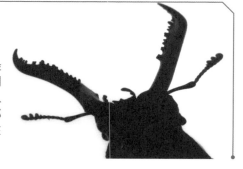

在Facebook與LINE盛行之前，大家最倚重的平台叫作「昆蟲論壇」（現在則紛紛轉戰Facebook上的養蟲社團）以及discord社群，黑蟲倉庫兩個平台都有開，歡迎加入！附錄也有列出一些在網路上的人氣論壇跟社團！

# 很重要！蟲界禮儀要知道

飼育家的世界中，其實存在很多「潛規矩」。

這些不成文規定自然都有其背景，如果有蟲友不遵守的話，常常會遭到蟲友群起圍攻，為了避免成為被排擠的討厭鬼，務必記一下什麼事能做、什麼事不能做嘿～

## 不能混養

甲蟲其實多半不適合混養，不論是同種的還是不同種的，只要有公蟲就會起衝突，一直打架就會一直出現死傷，輕則斷手斷腳，重則身首異處。

就算是同一種的公母也不適合養一起，因為公蟲會很粗暴的找母蟲求愛，交配本身對公母都是相當消耗體力的一件事，一直交配會快速的消耗阿蟲的體力，直接影響到健康與壽命。

更何況母蟲要是拒絕公蟲的話，公蟲常常惱羞成怒的把母蟲揍一頓，尤其是有著強壯大顎的鍬形蟲，一不小心就會把母蟲活生生夾爆。

這是蘭嶼姬兜，只要混養就會一天到晚打架，打到力竭死掉都有可能。

## 不能混種

混種也是一個禁忌，也就是說：不能把不同物種的甲蟲放一起繁殖，甚至連不同產地的都要分開！

雖然在人類的分類下，分出了各式各樣的甲蟲種類，但那畢竟是人類擅自幫大自然貼上的標籤。實際上甲蟲根本不挑，只要感覺來了，公蟲就騎上去了，有時候連果凍跟手都照督不誤。

而且，不同的亞種交配會生出特徵混亂的後代，不論是飼養還是標本的收藏，都會帶來許多的壞處，所以千萬要好好管理不同的物種跟不同的產地啊！

## 不要亂養

大家都是愛蟲的人，而且不管多小隻，都是生命。

要養蟲，飼育家就有義務提供適合蟲的環境，要是不做功課，隨便亂養一通，徒增蟲的痛苦，惡意讓蟲受傷甚至死亡，大家肯定是會把你轟到體無完膚的。

## 不能棄養

棄養也是絕對不能做的事！

很多人會覺得讓蟲回歸自然是一種「放生」的行為。

但是！其實放生是一種嚴重破壞自然生態的行為，人工養殖個體回到大自然通常也活不了幾天。

尤其是國外的甲蟲要是跑出去了，很可能形成外來種的問題，威脅原生種的生存，或是與本土的甲蟲雜交，造成基因上的汙染。

如果真的沒有辦法養了，請把蟲送給其他蟲友，或是用冰箱的冷凍庫冰死。

絕對不能放生！絕對不能放生！絕對不能放生！

（很重要所以說三次）

## 別當伸手牌

伸手牌，指的是不查資料、不爬文就拉著蟲友問東問西，甚至連蟲都不自己抓、自己買，纏著別人要別人送他。

這個跟蟲界禮儀無關，而是身而為人本來就應該要注意的禮貌！蟲界很小，萬一名聲黑掉了，很難挽救的……

## 不要濫抓

儘管環境污染跟棲地破壞是蟲越來越少的主因，但是濫抓也是生態浩劫的一種，甲蟲是大自然的一部分，好的蟲友上山抓蟲，只抓自己的目標蟲、以及自己需要的量，能不抓母蟲就不抓母蟲，這樣才不會對該地的族群造成影響，讓大自然年年有蟲。

## 不公布蟲點

很多地方會因為環境、樹種的原因，特別容易吸引甲蟲，這種地方蟲友們稱為「蟲點」。

但要是你找到了這種地方時，千萬不要很興奮的到處張揚，更不要上網分享蟲點的位置，不然很快一傳十，十傳百，大家都跑來抓，阿蟲就被抓光光了。

有時候就是有一些樹，蟲特別愛，照片是我在花蓮的祕密蟲點。

CHECK POINT

蟲界算是比較封閉的圈子，平均年齡層也較低，年輕人血氣方剛的，對於新手發問不一定友善，所以為了避免莫名其妙陷入糾紛，發問前記得要多做點功課啊（不然就是有問題問蟲店，不論有沒有消費，大多蟲店老闆都會很熱心地提供指導）

# 來養
# 獨角仙吧！

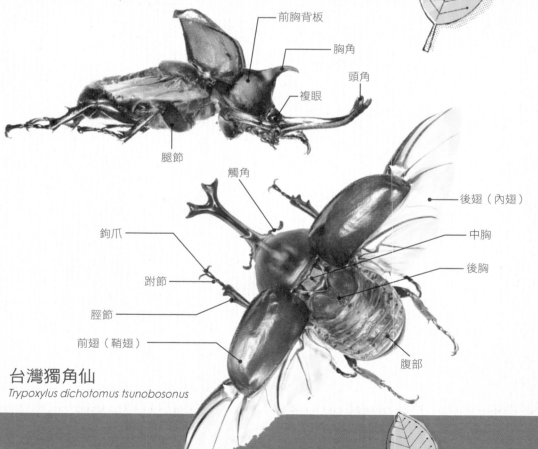

前胸背板

胸角

頭角

複眼

腿節

觸角

後翅（內翅）

鉤爪

中胸

跗節

後胸

脛節

前翅（鞘翅）

腹部

台灣獨角仙
*Trypoxylus dichotomus tsunobosonus*

# 聊聊獨角仙

好！我們進入正題囉！如果要在甲蟲界挑一隻最受歡迎，也適合新手的阿蟲，那這寶座肯定屬於獨角仙。

獨角仙長得超帥，生存力強，野外族群多，飼養起來又簡單，購買起來也便宜。説他是全世界最受歡迎的甲蟲可説是實至名歸，一點都不誇張！無數蟲友都是被獨角仙推入蟲坑的。

就算是養蟲多年的高手，往往每年也會養一些獨角仙，一方面是因為幼蟲非常不挑食，可以幫忙吃些多餘的廢土、廢菌，另一方面是等到羽化了可以拿來推坑用，讓更多人一起加入養蟲的領域！

在分類上，獨角仙跟金龜子是親戚，也會被稱為兜蟲，蟲界暱稱會叫「阿仙」或是方便跟其他國家產的獨角仙作出區別，而被叫「台仙」。

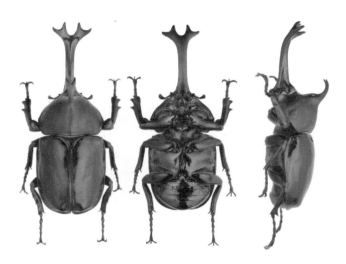

最大隻的獨角仙可以長過 9 公分。

獨角仙的一生差不多剛好就是一年。成蟲壽命大概三個月，幼蟲期長度差不多九個月。野生的阿仙則是約五月底開始陸續出現，為蟲季拉開序幕，六月達到高峰，只要地點正確，每天都可以看到阿仙在樹上開party。

這段期間，不論是在網路上或是蟲店、水族館都可以買到健康又大隻的獨角仙。（但以生態保育的角度來看，購買飼育品是最不傷害自然的辦法。所以建議各位如果想要帶阿仙回家，請盡可能地從蟲友、專業蟲店購買人工飼育的帥氣獨角仙吧！）

到了九月左右，阿仙就已經老到飛不動了，壽命凋零，開始逐漸死去，不過，被人類飼養的阿仙通常吃得飽穿得暖，可以多撐好幾個月，甚至有個體能撐到隔年呢。

南部因為天氣較熱，蟲季會比北部跟山區早一個月開始，也早一個月結束。

# 成蟲的飼育

入手健康的成蟲後，接著我們來談談怎麼飼養獨角仙吧！

首先，我們要找個盒子當飼養的容器，但不是隨便拿一個紙箱或塑膠盒就可以，這個盒子必須要符合下面幾個條件：

1 **空間**：長度與寬度至少要夠蟲轉身，高度最好是讓讓蟲抓不到蓋子。

2 **蓋子**：獨角仙力氣很大，而且很會飛，沒有牢固的蓋子幾乎是一定會被破壞掉然後被逃走！

3 **墊材與攀抓物**：例如木屑、衛生紙或水苔，以及木塊、樹枝、樹皮，這些不但可以提供阿仙躲藏與保持濕度以外，還能防止跌倒後翻不回來。

4 **通風**：蟲也跟人類一樣要呼吸的，所以箱子一定要能通風，密閉不通風的空間是會害死阿蟲的！

CHECK POINT

市面上還有一種常見的防蟲飼養箱，俗稱貝殼箱，這種可以比較有效防止果蠅等雜蟲進入，但也因為通風的隙縫小，通風能力也差。

一般的飼育箱每一兩天就要用噴霧器噴點水來補充水分跟濕度，但防蟲箱剛好相反，不但不用噴水，反而是一段時間就要移除過濕的墊材，並補充乾燥的進入箱裡平衡濕度，不然濕度過高，箱子內部出現凝結水滴，溫度又超過30度的話，阿蟲就會有悶死致命的危險！各位飼育家在沒有溫度控制的情況下使用防蟲飼育箱，千萬要小心呀！

## 食物

獨角仙的口器像刷子一樣，吃東西是用舔的。
所以偏好液態的食物。

在野外，阿仙會用頭上的突起物，像小刀一樣
刮破樹皮，然後盡情的舔食樹汁，如果附近有
果樹，樹下又有腐果的話，獨角仙也會換換口
味，來個果汁大餐。

但對於一般住在城市裡的飼育家，要收
集樹液實在太難了，用水果則容易腐爛
發臭跟生果蠅……果蠅太多，你媽就會
很生氣跑來揍你，所以養甲蟲最理想的
食物是「昆蟲用果凍」（餵食人類用
的果凍也是可以啦，但成分就只有糖水
……沒什麼營養，只能應急用，無法長
期飼養）。

健康的獨角仙的食慾很好，一到兩天就
會吃掉一整顆果凍！要是超過兩天沒餵
食，獨角仙就會開始暴走，為了找食物
開始瘋狂地亂抓以及亂飛，很吵！若讓
阿仙暴走個三、四天還是沒餵食的話，
阿仙就會力竭而亡，所以無論如何請至
少一個禮拜要給他一顆果凍。

CHECK POINT

因為是完全變態的甲蟲，所以
成蟲不管再怎麼吃，體型都不
會改變了，有時候大型個體跟
小型個體會有非常大的差異，
甚至讓你懷疑「這兩隻是同一
種蟲嗎？」

## 捕捉的方式

獨角仙脾氣不好，愛生氣，一生氣就會做出威嚇的動作，並且摩擦翅膀發出「唧！唧！」的聲音。

要把阿仙抓起來的時候，可以準備一支樹枝或一片樹葉，然後一手抓住他的胸角，再用另一隻手戳戳他的屁股，引導他爬到樹枝或樹葉上，千萬別硬拔，不然有可能會害他的爪子斷掉喔！

如果你抓他的鞘翅兩側，腳上的刺可能會在掙扎時刺傷你，千萬要小心。

而且如果想把阿仙抓在手上把玩，要注意鉤爪很利，刺進皮膚可能會痛痛癢癢的，所以能不要用手抓就盡量不要抓，對人跟蟲都好。

## 公母分辨

獨角仙成蟲要分辨公母非常簡單，只要有「胸角與頭角」的，就是公蟲。母蟲「沒有角」、而且背上與腳上的「毛比較多」。

有些其他物種的母蟲也有角，但正常的獨角仙母蟲是不會長角的，有些新手會把小隻的公蟲當作母蟲，下場就是一直打架沒辦法繁殖。

# 怎麼讓獨角仙交配？

獨角仙的交配可說是毫無難度。如果想讓它們自由戀愛的話，只要準備一個夠大的箱子，裡面只放一顆果凍，他們就自然而然會在果凍那邊談起戀愛。

趕時間的飼育家，只要抓住公蟲的胸角，直接把公蟲放母蟲背上，通常公蟲只要一聞到母蟲的味道，馬上就會抱緊緊開始交配，為了傳宗接代，實在太盡責了！要擔心的反而是：萬一交配太多次，會導致公蟲精盡而亡……。

交配記得看生殖器有沒有插入，交配時間會持續 30 分鐘至一個半小時。

通常只要交配一次，公蟲的精子就足夠母蟲生一輩子。

交配過的母蟲通常會拒絕交配，就算被好色的公蟲抓到，也會一直抵抗。這「老爺不要」的過程會相當耗費兩隻蟲的體力，不但容易受傷，也會縮短壽命……所以交配完的母蟲就讓他跟公蟲分手吧，母蟲是不會留戀的！

# 布置獨角仙的產房

順利交配完後，就可以讓母蟲開始生蛋了！但如果飼育的環境不對，母蟲可是不願意下蛋的喔！這時我們需要模擬一個野外的空間作為「產房」。飼育家只需要準備一個箱子、一包腐植土、以及一些能讓她抓的樹枝就夠了。

## 腐植土

要讓獨角仙生蛋的產房會需要用上「腐植土」，有時候我們也稱為兜土、腐植物、木屑或介質（後續的章節會有詳細的解說）。

獨角仙對於產卵的介質非常的不挑，從顏色很淺的朽木屑、養菇用的太空包到已經變成黑色的腐植土都願意產卵，而養蟲專用的腐植土也可以在網路上或是蟲店輕鬆購得。

如果想省一點錢或時間，也可以到大賣場或是花店買，但是一定要確認成分沒有化學肥料、蛇木屑、棉屑、保麗龍，並且主要原料是「菇類栽培廢棄物」「菇類太空包廢棄物」才可以用喔！

## 產房用的箱子

接著把箱子準備好，產房的大小會影響到母蟲生蛋的意願與產卵的數量，建議是用大一點的箱子，例如長度有30cm或以上的L飼育箱或是XL飼育箱都很適合（M號雖然也可以生，但就有點太小囉）。

## 濕度

在布置產房前，可以先把土的溼度調整好，有些土的買來就已經調整好了，可以直接使用；但有些是乾燥後的包裝，這時就要加水跟攪拌，直到溼度剛剛好為止。

溼度怎樣才是「剛剛好」呢？如果介質是乾燥的情況，1公升大概加入150cc的水，但更簡單直接的方式是：「抓一把土，然後用力握緊，不會滲出水來」。

然後把手放開後，土會結成一塊而不會散掉，這樣就是適合的溼度。

有時候買來的土會因為發酵而散發出濃濃的臭味，這時就得先攪拌攪拌後，再放著曝氣兩天左右，等氣味散去再使用會比較好。

## 布置產房

接著將腐植土倒入，土的厚度至少要 10 公分以上。

然後用手將底層壓一下，讓土最下方有一層 3 ～ 5 公分較緊實的區塊，上面再鋪一層 5 ～ 15 公分鬆軟區。

接著放入讓母蟲要是跌倒了可以翻回來的攀抓物，還有食物。

最後貼上標籤，紀錄種類、日期以及各種資訊，把蓋子蓋起來放到「不會被太陽曬到」、「通風良好」、「少打擾」、「不會長螞蟻」的地方就好了。

## 採卵

獨角仙通常交配完當天就可以投產。而且是非常多產的阿蟲！正常狀況都至少會生個50顆蛋以上，從小吃好住好的母阿仙甚至可以挑戰100顆以上的產量！！

大部分的情況就順其自然就好，放了一個月左右移出母蟲，再放兩個禮拜採收幼蟲。但如果想提高產量、防止蛋被壓壞、先孵化的幼蟲因太擠而影響發育的話，飼育家可以在投產2～3個禮拜後就進行「採卵」。

這個步驟簡單來說，就是把整箱土倒出來，然後把蛋另外裝在別的容器孵，並重新布置一次產房，讓母蟲繼續生。

當開始產卵時，母蟲會先挖洞挖到較硬實的土層，並用後腳與屁股壓出一個土塊，然後在裡面產卵。

只要用另外一個小杯子裝腐植土或是微濕的餐巾紙，然後輕輕的把蛋移過去，再蓋上蓋子，差不多15天左右蛋就會孵化囉！

CHECK POINT

盡量不要用手直接碰到卵，很容易造成爛蛋，使其無法孵化，建議最好是全程戴手套，或是使用小湯匙。同時，採卵有一定的風險，建議如果空間、器材或腐植土足夠，另外準備一間產房會相對安全。

# 獨角仙幼蟲的照顧

收完卵，幼蟲孵化後，就來到養甲蟲最關鍵的幼蟲期了。因為甲蟲是「完全變態」的昆蟲，幼蟲跟成蟲外表差很多，幼蟲就是俗稱的「雞母蟲」，從卵到羽化成蟲大概會占掉四分之三的時間，也就是說，飼養甲蟲的大部分時間都在養幼蟲。同時，幼蟲期的成長決定了成蟲的大小，所以如果想養出大蟲的話，就要認真地培育幼蟲。

獨角仙幼蟲不怕熱也不怕冷，不用特別控制溫度也能養出大型成蟲。而且食性很廣，從朽木塊到腐植土都吃得很開心，我自己喜歡用養鍬形蟲或是大兜吃過的木屑，用篩子篩一篩後廢土利用，用L箱一次養5隻，一樣可以養出70mm+的大型個體喔。

不過如果要養出80mm以上的超大型個體，就不能這麼節儉，必須給予更大的空間跟更營養的土，並且避免混養。

CHECK POINT

至於若是想養出90mm以上可以挑戰紀錄的巨大阿仙，就得用最好的土、養在溫控的環境，選擇最優秀的血統，加上一次養一堆的蟲海戰術才有機會實現 ⋯⋯但說真的，由於阿仙在野外的產量很大。所以與其耗掉龐大的資源，大部分的飼育家寧願直接上山尋找夢幻大阿仙比較實際。

## 成長

獨角仙的幼蟲期大約6～10個月，加上成蟲2～4個月，差不多是剛好一年一代，阿仙幼蟲們會自己配合溫度調整成長速度與羽化時間，所以除非特別用溫控設備混淆幼蟲的生理時鐘，否則在沒有溫控的環境下，大部分的幼蟲都會在差不多的時間一起化蛹。

剛孵化的幼蟲我們叫做「一齡幼蟲」或寫成「L1」。一齡幼蟲差不多吃腐植土吃個 15 ～ 20 天就會脫一次皮。

脫完皮就會成為「二齡幼蟲」簡稱「L2」，這個階段會長一點，差不多要 20 天～ 30 天左右。

之後還會再脫一次皮，成為「三齡幼蟲」，或稱「終齡幼蟲」、「L3」。L3 幼蟲會食量大增，一直吃一直吃，把自己吃的肥滋滋的（L3 到化蛹耗時約 5 ～ 6 個月左右，是獨角仙一生最長的階段）！

## 混養

獨角仙幼蟲溫馴，不咬人，也不會咬其他蟲，所以可以混養，不過因為成長迅速，有時先孵化的蟲都長到三齡了，母蟲還在繼續生蛋。這時不論是體型差太多還是空間太擁擠難免還是會打個架，運氣不好就會有死傷，所以一隻幼蟲請給他至少 1 公升以上的空間。

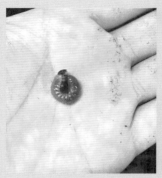 

## 食量

一隻 L3 幼蟲一個月大概會吃掉一公升左右的土，公的吃的比母的多，食慾越好的通常羽化尺寸也會越大。

從出生到羽化，差不多會吃掉 10 公升至 20 公升的腐植土，如果看到土中有很多幼蟲糞便時，就該換土囉！

CHECK POINT

· 如果想省錢的話，可以用下水餃用的篩網把便便篩出來，剩下的土加入新土後繼續給幼蟲吃。
· 如果換了不同牌子或朽度的食物，記得還是要留點舊的土，以免幼蟲不適應拒食，至於整理出來的便便是還不錯的肥料，可以拿去種花種菜。

## 化蛹

等到時間差不多了（通常是每年的4月左右），幼蟲外表會開始變黃、變皺，並且作出一個橢圓形的直立空間，讓自己待在裡面準備化蛹。

這時幼蟲會停止進食，外表縮水、變皺、變黃，我們稱其為「前蛹」（前蛹過了20天左右就會開始化蛹了）。

## 化蛹照片集

**1** 化蛹開始。

**2** 撐開背部的皮。

**3** 頭部也被撐開了。

**4** 露出尚未充血的胸角與頭角。

**5** 繼續將幼蟲的舊皮往下推。

**6** 逐漸露出胸部、背部、翅膀與六隻腳。

**7** 蛻去大部分的舊皮。

**8** 蛻完皮後，開始慢慢讓角充血。

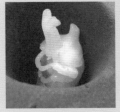

**9** 充血後慢慢伸直，身體各處的皺褶也逐漸像果凍般飽滿。

CHECK POINT

母蟲通常會快一個月左右化蛹，雖然沒有犄角，不過會有一顆小突起。

## 羽化

化蛹後不論公母，都差不多21天～30天內就會羽化，即將成熟的蛹顏色會越來越深，並可以透過光看到內部器官逐漸成熟、成形、甚至還會動動爪子、扭扭屁股。

直到羽化開始時，阿仙會狠狠地把蛹皮踢破，但在羽化過程中的阿仙是很脆弱的，千萬不要去幫他脫蛹皮、或是亂摸亂抓，因為會造成組織充血異常，很容易會害死他的！

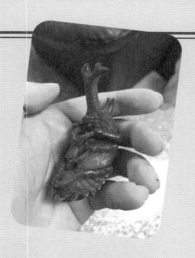

## 羽化照片集

**1** 羽化開始前，蛹皮變皺，開始排出多餘的液體。

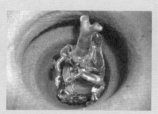

**2** 羽化開始，用力踢破蛹皮吧！

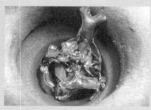

**3** 六隻腳踢破蛹皮後，會開始把身體撐起來。

**4** 持續不斷的收縮腹部，一邊推擠蛹皮，一邊把翅膀抽出來。

**5** 這時的鞘翅還是白色的，並且會等蛻去蛹皮後開始充血、閉合。

**6** 等到把蛹皮完全脫掉後，開始展翅。

**7** 慢慢充血中。

**8** 完全充血，過程也會不斷排出多餘的體液。

**9** 展翅的過程中，鞘翅顏色逐漸變深。等到內翅也變硬時，會開始折疊收進鞘翅中。

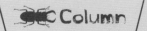
在一般情況中，獨角仙會在自己的
直立型蛹室中羽化，並用後腳把身
體撐起來，讓像水晶般透明的後翅
伸出來充血，等到確認翅膀沒問題
後再收回去，整個過程大概三、四
個小時。

約莫過了半天，鞘翅就會逐漸
變成茶色，三天後顏色就會固
定了。

接著獨角仙會繼續待在自己的蛹室
裡，動也不動的，不過不用擔心，這
段時間叫做「蟄伏期」，是剛羽化的
甲蟲讓自己的器官成熟的必經過程。
正常的獨角仙大概兩個禮拜左右結束
蟄伏，天氣熱一點甚至一個禮拜就睡
醒囉！

總之，蟄伏期這段時間不用餵食，讓他待
在土裡、或是稍微沾濕的水苔、衛生紙下
好好地睡吧！那他什麼時候會睡醒呢？
等晚上聽到阿仙到處爬來爬去跟飛來飛去
吵你睡覺時，就代表結束蟄伏囉！
這時就正式成為一隻頂天立地的帥氣獨角
仙了！恭喜！

# 來養
## 鍬形蟲吧！

腹部

小楯板
胸部

頭部

後足

大顎

中足

小顎鬚

刷鬚

前足

齒突

錘節

日本大鍬
*Dorcus hopei binodulosus*

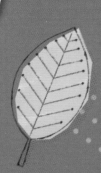

# 聊聊鍬形蟲

接著，我們來聊聊鍬形蟲吧！鍬形蟲學名是*Lucanidae*、俗稱stag beetle，意思是是長著鹿角的甲蟲，日文叫做クワガタムシ（kuwagata mushi）蟲界我們常常會直接用一個「鍬」統稱。

相較於胖嘟嘟的兜蟲與金龜，鍬形蟲多半長得瘦瘦扁扁，公蟲大多會有個像剪刀一樣的帥氣大顎，適合拿來打架搶地盤；母蟲則是像有指甲剪般的小鉗子，雖然打架比較弱，但拿來防身、狩獵跟鑽木頭卻是非常好用。同時，鍬形蟲的種類也比較多，光台灣就有約60種，而且不同屬的鍬除了外表差異以外，生態習性也會有很大的差距。

圖片為台灣深山鍬形蟲，左邊是公蟲、右邊是母蟲。

雖然鍬形蟲的招牌是華麗的大顎，不過……有華麗大顎的蟲不一定是鍬形蟲，因為大顎在昆蟲綱並不少見，天牛、虎甲蟲、步行蟲甚至螞蟻等，許多昆蟲也有各式各樣的大顎，所以，從分類上定義鍬形蟲，最主要的依據是它們V形的觸角。

我自己喜歡鍬形蟲勝過獨角仙一些，所以我的粉絲專頁才叫黑蟲倉庫（黑蟲通常是大鍬屬鍬形蟲的綽號）。

在台灣，5月會逐步進入蟲季，6月～8月達到最高峰，這時候去山上撿燈、點燈都很有機會抓到趨光而來的各種鍬形蟲。

其中，最常見也最好養的鍬，就是我們的台灣扁鍬形蟲，簡稱「台扁」或「阿扁」。

除了最常見的台灣扁鍬以外，還有跟他很像的深山扁鍬形蟲。

或是兩點赤鋸鍬形蟲，也是台灣很常見的物種。

往山上走的話，出現的種類也會增加，像是雞冠細身赤鍬形蟲。

如果願意好好的飼養與觀察的話，不妨可以帶著幾隻阿鍬們回家飼養，一邊觀察，一邊體驗大自然生命的奧妙！但是千萬不要大量濫捕、破壞自然、或是野放國外的品種，會造成生態浩劫的！

# 鍬形蟲的成蟲飼育

飼養鍬形蟲的成蟲的環境，其實跟養獨角仙的方法差不多。只要準備一個空間夠大，寬度足夠讓成蟲轉身，高度不要讓蟲可以頂到蓋子的空間就夠了。

箱子內還必須有攀抓物，例如水苔、樹枝、樹皮，以防鍬跌倒了翻不回來。同時，箱子本身跟放的位置必須要通風、放在太陽不會直射的地方。

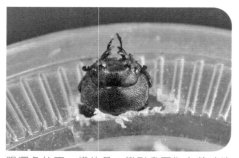

跟獨角仙不一樣的是：鍬形蟲因為有著破壞力更強的大顎，使用普通塑膠容器極有可能被挖出一個大洞後逃家，就算沒破壞成功，也可能害鍬形蟲大顎被卡住，所以建議使用專門的昆蟲飼育箱來養鍬形蟲會安全一點。

餵果凍的時候，由於有些鍬形蟲的大顎很長，甚至比自己身體還長，餵果凍常常只吃得到表面一點點，因此建議飼育家們記得用切割器把果凍剖半或倒出，阿鍬才吃得到。

另外，鍬形蟲不論什麼品種，都要避免混養，不論公母都有極強的殺傷力，而且下手心狠手辣，一旦打起來，輕則斷手斷腳、重則直接一刀兩斷，身首分離。

CHECK POINT

鍬形蟲的飛行能力比兜蟲、金龜來得差，但還是會飛，所以記得要把蓋子蓋好。

# 鍬形蟲的交配與繁殖

接下來我們來聊聊鍬形蟲的繁殖方法吧！

想讓阿鍬們繁殖，就得先讓公蟲與母蟲交配。在這一個步驟上，鍬遠比兜麻煩多了，千萬不要以為可以像配獨角仙一樣，直接把公蟲放到母蟲身上就好，這樣不但不會成功，還可能會出蟲命的！

為正準備配對的平頭大鍬對蟲。

首先是因為鍬形蟲的壽命較長，所以就算過了蟄伏，開始大吃果凍後，也不一定達到「性成熟」，只要公蟲跟母蟲其中一方還沒成熟，就會對交配興趣缺缺，導致無法順利完成傳宗接代的任務。

不過只要雙方都成熟了，這時公蟲遇到母蟲，就會用大顎輕輕地夾母蟲的背部，然後用觸角快速的摩擦母蟲，如果母蟲也有意思的話，郎有情妹有意，很快就會乾柴烈火，開始進行交配。

但是如果母蟲已經交配過了、或是還沒成熟、太緊張等任何理由不想交配的話，就會用後腳把公蟲的生殖器踢開！

鍬形蟲公蟲往往脾氣很不好，求歡被拒，或是在警戒的狀況下遇到母蟲，公蟲就會惱羞成怒，把母蟲給揍一頓後再趕走，最慘的狀況甚至會害母蟲當場死亡！也就是養蟲最害怕看到的畫面之一：「爆母」。

圖片為將老婆一分為二的萊絲恩大鍬公蟲。

若想要成功交配的話，以下有幾個小訣竅：

1 使用圓形的箱子，以免母蟲跑到角落，公蟲大顎被箱子卡到而督不到。

2 先將公蟲放入箱子一段時間，讓公蟲冷靜並且建立起自己的地盤。

3 先將母蟲餓個兩天，並在交配的箱子放果凍，如此一來母蟲會為了吃果凍而不會亂跑，配合度也會比較高。

4 放些墊材，例如瓦楞紙、樹皮讓他們「辦事」的時候，可以抓得牢牢的，萬一打起來的話，母蟲有地方可以躲。

5 開始交配的時候盡量不要打擾，讓它們結束後自行分開。

6 準備噴霧器跟免洗筷之類的棒狀物，一發現家暴馬上介入處裡，保護母蟲。

台灣扁鍬形蟲的交配，尾對尾，一次約 30 分鐘到 1 小時。

除了尾對尾這種標準的「交尾」體位以外，鍬形蟲也常常會用 V 字型的體位交配，母蟲有意願的話，會張開鞘翅與腹部中間的縫隙讓公蟲的生殖器可以順利插入。上圖為安達祐實大鍬形蟲的交配照，這種蟲的交配時間通常不到一分鐘就解決了。

鋸鍬、細身類的多半是公蟲壓在母蟲身上的交配方式，圖為奄美鋸的交配過程。

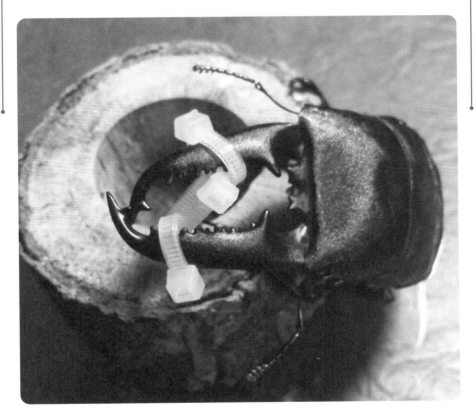

　　如果真的覺得風險太大，可以利用束帶製作「牙銬」以確保母蟲可以平安無事的完成交配。雖然剛被上牙銬的公蟲會鬧好幾天脾氣，但等放棄抵抗時，就可以正常的跟母蟲配對。而母蟲一生中只要成功交配一次，就夠她持續產卵直到壽命結束了。

# 布置鍬形蟲的產房

等到確定有成功交配後，就可以將公母分開，並將母蟲投產了！這邊先提一下，不同的鍬形母蟲可能會有各自喜歡的產卵環境，這邊先講最通用的產房布置方式。首先，要準備的東西有：

1 容器
2 木屑
3 產卵木

容器通常是越大越好，不過大部分的鍬形蟲用L的飼育箱就很夠了，少數較小型的鍬甚至M號就可以生到爆產。

木屑也不是隨便什麼木屑跟木頭都可以用的，基本上一定要有真菌降解過，或是發酵過的木屑才可以用喔！也就是說，作木工剩下來那種木屑或是寵物老鼠用的那種木屑都不能拿來繁殖鍬形蟲，建議還是到蟲店買專門的木屑吧！

另外，跟投產兜蟲最大的不同點，就是必須加入「產卵木」。因為在野外，鍬形蟲母蟲最喜歡在倒地腐朽的闊葉木中產卵，而且木頭會因腐朽的程度分成硬朽木、中朽木跟軟朽木，大部分的情況選「用指甲戳得下去，用手指戳不會凹下去」的軟朽木就對了！
如果想自己上山撿木頭來用的話，記得一定要找有長香菇的木頭，並且用冷凍庫冰過、或是煮過、微波過除過雜蟲才能用（但跟木屑一樣，推薦還是去蟲店或是網路上買吧，除了省時方便以外、雜蟲少、風險少又有更高的營養價值）。

產卵木使用前，最好是泡水一天到兩天，殺死雜蟲，並讓內部也充滿水分，再把樹皮去掉，這樣母蟲比較省力，不用自己咬破樹皮，接著放到通風處曬太陽一兩天，等到木頭表面略乾、用力戳也不會滲水的程度是最好的。（如果用手指按下去會跑水出來、或是整個手指頭接觸面都有水漬就太濕了，這樣子母蟲往往不會下蛋，而且飼養箱會瞬間被黴菌爬滿喔！）

容器準備好，產卵木完成泡水、除蟲、去皮、瀝乾後，就完成了前置作業。接下來的步驟如下：

步驟 1　木屑調整好濕度，理想的溼度為「用力握緊會結塊，不會滴出水，也不會一放手就。著先在箱子底部鋪一層木屑，厚度至少要有 5 至 8 公分左右。

步驟 2　接著拿出無敵的鐵拳，用力把木屑壓實，一定要壓實，壓到把箱子翻過來都還是不動如山的程度。

步驟 3　接著在壓實的木屑上再鋪一層木屑，放入產木，再用木屑把它三分之二埋起來，埋完後再壓實一次，壓實的木屑才能讓母蟲挖出產卵用的隧道，並且有固定產卵木的功能。

步驟 4　接著丟下一些防跌倒用的木片或樹皮、並加入果凍後就可以放入母蟲囉！

步驟 5　貼上標籤，紀錄投產的甲蟲種類、資訊與日期。

總之原則就是：

1 木屑壓實。
2 產木埋1/2到2/3。
3 確保母蟲跌倒翻得回來。
4 源源不絕的食物。

**產房布置概念圖**

這樣布置就對了！

有時候產房會長黴菌，雖然不好看，但不會影響母蟲。

有時候則是會長香菇，這就不可以置之不管了，一看到就要拔掉，不然香菇會跟幼蟲搶養分跟水分。香菇成熟還會噴一堆孢子、香菇死了也會流出有味道的黃水（還有，來路不明的香菇不要吃啊）。

在布置產房的時候，如果自己的資源跟空間允許，當然可以用更大的箱子，或是更大的產木，產量會更好喔！

有些物種，例如鋸鍬形蟲、安達祐實大鍬形蟲等，不用埋產木，只要木屑壓實了就會生，不過大部分情況，有埋產木母蟲會更有意願生，也生更多！沒有壞處，只有好處的。

## 採卵

但是……母蟲有時懶得出來找食物，這時要是幼蟲被看到就慘了，母蟲會直接把幼蟲當月子餐吃掉！所以我們要在投產完一個月到兩個月時就把母蟲移出來，以免幼蟲被母蟲吃光光……

但此時也不用急著把木頭剖開，因為卵跟剛出生的幼蟲非常脆弱，建議可以移出母蟲後再等一個月才開產房，因為這樣一來，大部分的卵都已經孵化，木頭被幼蟲蛀了很多隧道，木頭會比較好剝！

通常卵會在 3 個禮拜～5 個禮拜孵化，如果有看到木頭被咬得坑坑洞洞通常就是母蟲正在大生特生。

至於我開產房的方法如下：

1 準備一個大盆子。
2 將產房表面的樹皮、樹枝、產卵木先移出。
3 將產房整個倒過來放在盆子裡，然後拍打底部讓整塊土掉出來，慢慢翻動木屑並分裝木屑中的幼蟲。
4 處理完木屑後，用一字螺絲起子或碎冰錐等工具，在木屑上慢慢地剝開木頭，以免幼蟲噴出來摔死。
5 最後把木頭跟木屑全部再埋回去，一個月後再來找看看有沒有漏網之魚。

如圖所示，通常倒出來一整塊的時候就能在底部找到一些幼蟲。

要是木屑裡發現蛋的話，千萬不要用手直接去拿，要另外找個小湯匙之類的，不然脆弱的蟲卵可能會變成爛蛋孵不出來喔。

產卵木剝開會看到明顯的隧道，我們叫這為「食痕」，跟著著食痕走就會看到幼蟲囉！

抓出來的幼蟲可以用布丁杯分裝，鍬形蟲的幼蟲往往也很愛打架，混養很容易自相殘殺，就是俗稱的「互食」或蟲友會戲稱是「合體」，就算能安然一起化蛹，也會因為成長過程互相打擾而影響到成蟲體型，養出小小蟲，所以盡可能不要混養，讓每隻幼蟲舒舒服服的入住單人套房吧！

# 鍬形蟲的幼蟲怎麼養？

從將幼蟲分出的那一刻起，就開始養甲蟲最主要，也最重要的階段，想展現技巧，養出大蟲，挑戰紀錄的關鍵就是現在！

飼育上通常有三種飼育法：「產木飼育法」、「木屑飼育法」以及「菌瓶飼育法」。

## ●「產木飼育法」

產木飼育法就是直接讓幼蟲吃木頭長大。算是最接近大自然的飼養方式，產木飼育法因為沒辦法觀察幼蟲，木頭營養不夠，水份不好掌握，養到羽化要更花時間，也不容易出大蟲，因此較少飼育家採用這種方式。

## ●「木屑飼養法」

使用罐子或盒子塞滿壓實的木屑後將幼蟲投入，讓幼蟲開心的吃吃吃～只要使用優質的木屑，注意濕度與腐朽度，木屑飼養有著較簡單、調整彈性最大且相對經濟的方法。

## ●「菌瓶飼育法」簡稱入菌或投菌

由於鍬形蟲幼蟲在野外吃的是被真菌降解過的木材，所以飼育家直接改良了香菇場用的太空包與菌瓶來做為食材，對於許多鍬形蟲，尤其是大鍬、扁鍬跟鋸鍬的效果非常好！使用菌瓶有好管理、穩定、而且快速羽化的優點，是可以穩定出大蟲的飼育方式。

但是！因為菌瓶不耐高溫又會發熱，所以在台灣的溫度環境下，沒有溫控冰箱或是冷氣房的飼育家們是無法使用的，硬要用的話不但菌的狀況會變得很噁心，蟲通常也會死給你看⋯⋯

**木屑飼養法適合的鍬形蟲：**
深山、細身、鬼豔、鹿角、圓翅、鋸鍬

**菌瓶飼養法適合的鍬形蟲：**
大鍬形蟲、扁鍬、大黑豔、黃金鬼、鋸鍬

CHECK POINT

不管是選擇哪一種飼育方式，只要開始用了就盡量不要換！換食材可能造成幼蟲不適應，發生「拒食」行為，不但死亡率超高，就算活下來成蟲也會很小隻。

# 化蛹與羽化

幼蟲剛孵化時，我們叫做「一齡幼蟲」，跟兜蟲一樣，都被簡稱成「L1」，這時的幼蟲非常的脆弱，抓取時最好用小湯匙跟毛筆，用手的話一不小心就會弄死幼蟲。

L1的日子不會太久。通常2個禮拜到4個禮拜就會脫一次皮，成為「二齡幼蟲」，也稱「L2」，這時很明顯的頭會大了很多，身體也變粗變長了，食量明顯提升。

「二齡幼蟲」再養3～5個禮拜後，就會再脫一次皮，成為「三齡幼蟲」也稱為「終齡幼蟲」或「L3」。這是幼蟲最主要也是最後的一個階段，此時幼蟲的頭幅已經固定，只有身體會不斷地變大，並且在木屑裡一邊鑽隧道一邊大吃特吃！

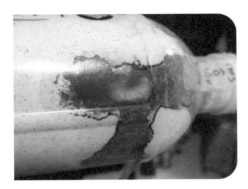

隨著幼蟲一直吃一直吃，身體會逐漸成熟、變黃，等到他身體準備好了（或是環境快沒東西吃了），就會開始製造一個橢圓形的空間來化蛹，這叫做「蛹室」。

幼蟲會躺在裡面，開始變小變皺，並且將多餘的水分排出，在這個準備化蛹的階段，被稱為「前蛹」。圖中為美他力佛細身赤的前蛹，這隻為了觀察，被我從蛹室取出來，改裝進用插花海綿做的人工蛹室。

等幼蟲做好蛹室後，前蛹期大概21～40天，就會脫下幼蟲的皮，變成一顆黃色的蛹，像圖中這隻是高砂鋸鍬形蟲的蛹。

蛹期跟前蛹期所需要的天數差不多，一般會在20~40天左右羽化，隨著日子的推移，飼育家們可以從透明的蛹皮觀察阿蟲的發育情況，等到大顎的顏色固定、尾部的皮開始發皺的時候，就是要羽化的時候了！

對飼育家而言！這就是決戰的魔王關！是生是死、是大是小都取決於這一刻了！

## 羽化過程

開始羽化前，我們可以透過蛹皮看到內部已發育完成的頭部與大顎、跗節與鉤爪。羽化前一天還可以看到爪子一動一動的，而尾部的蛹皮也開始排水並發皺。

阿蟲此時扭動屁股翻個身後，就會開始脫去蛹皮，但這階段千萬不要自作主張幫忙他把皮脫掉，會造成羽化失敗以及死亡，但要是蛹室形狀有問題，讓幼蟲沒辦法翻身成背朝上的姿勢，就會羽化失敗。這時頭還沒抬起來，阿蟲需要先「晾翅」把鞘翅併攏、並把後翅充血展平。

等到後翅展平了、多餘的水分也排得差不多了，這時候才會開始抬頭，有些大顎長的物種這個時候會開始「折牙」把大顎的形狀調整好後一鼓作氣抬起來！

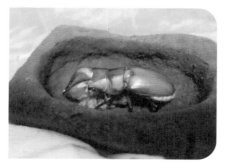

抬頭的同時會開始把翅膀跟肚子慢慢地收到鞘翅下方⋯⋯

等到鞘翅變色變硬了之後，有時候會自己翻過身來舒展一下腳跟觸角，順便把多餘的蛹皮踢掉。

羽化完成！

羽化完成後，就是最後一個步驟「蟄伏期」了。幼蟲羽化完畢後，還會靜靜地待在蛹室睡覺，等待身體的器官成熟，大部分的鍬形蟲在羽化約一個月後才會爬出蛹室，正式開始鍬形蟲的一生。養蟲人最有成就感的就是這一刻了！看到自己養了一年的蟲、完美且華麗的展示自己霸氣的大顎時，飼育家都能深深體會到「這就是甲蟲的魅力啊！」

好好的照顧你的阿蟲吧！這樣他就會變成帥氣大蟲喔！！

CHECK POINT

不同種的鍬形蟲會有不同長度的蟄伏期，羽化時的溫度跟季節也會影響蟄伏期長度，最短一個禮拜，最長一年半都有可能。

# 來養
# 花金龜吧！

大王花金龜
*Goliathus goliatus*

# 聊聊花金龜

接下來我們來簡單的聊一下金龜子吧！金龜子家族勢力龐大，跟兜蟲血緣關係相近，而且種類非常多，全世界有超過4000種，而光是台灣就超過500種，雖然可能沒有兜鍬這麼熱門，但是養金龜子的蟲友也不在少數，尤其是像寶石一樣的絢麗外表，更是讓標本收藏家愛不釋手！

青銅金龜雖然漂亮，卻會危害農作物，農民們恨之入骨！

在台灣，最常見的應該就是東方白點花金龜，俗稱鐵金龜，這種花金龜應該可以算是最好養的甲蟲了，外表討喜可愛，好養不挑食，幼蟲期又短，很適合作為生態觀察的對象。

不過也因為金龜子的種類太多，吃的東西也截然不同，有吃花蜜、樹液的，也有啃葉子的，吃腐肉的，甚至還有吃大便的，不論是外型、習性還是飼養方式都差了十萬八千里，這在飼養的管理上會增加一點難度，也許是這個原因才使得專門養金龜子的飼育家比養兜鍬的少吧！

東方白點花金龜，俗稱鐵金龜，這種花金龜應該可以算是最好養的甲蟲。

# 花金龜成蟲飼育

大致上金龜子的成蟲養法跟獨角仙沒什麼不同。不過養金龜子成蟲最最最需要注意的一點：金龜子飛行能力超強！

健康的成蟲可以隨時隨地說飛就飛，所以要是抓在手上把玩，稍不留意就會飛走，在戶外飛走除了會少一隻蟲以外，也有可能造成外來種生態危機，不可不慎，但就算在室內被飛走，要抓回來往往也很麻煩，所以自己要小心一點嘿。

餵食部分，大部分都是可以直接餵食甲蟲專用果凍，喜歡偏乾一點的環境，而且多數花金龜喜歡群聚，雖然有些金龜子物種也有類似兜蟲的犄角，但打架起來通常也沒什麼殺傷力，所以只要不要太過密集，混養也不要緊。

在蟲界，受歡迎的物種通常都是花金龜，最有名也最讓人印象深刻的，一定是「大王花金龜」了，之前超熱門的遊戲《動物森友會》裡面也抓得到，不過遊戲裡的名稱是比較接近學名原意的「歌利亞大角花金龜」，這種金龜體型比獨角仙還大隻，大隻一點的甚至可以長到10公分以上，渾身還有霸氣的圖騰花紋，讓許多飼育家與標本收藏家深深著迷。

但因為大王花金龜很難養，對新手很不友善，所以這邊先不推薦，要是想養大型金龜的話，我會先推薦烏干達角金龜，花紋跟配色也很像，可以魚目混珠一下。

大王花金龜

烏干達角金龜

烏干達角金龜綠色型

大王花金龜的幼蟲不怎麼吃腐植土，要餵食活蟲或是貓狗飼料、魚飼料才會長大，化蛹環境還必須特別布置，成蟲蟄伏期也很長，繁殖難度非常高，就算是有經驗的蟲友也很容易失敗收場，而且價錢不斐，對甲蟲新手非常不友善。

至於新手如果想入門金龜子，除了國產的各種白點花金龜（藍艷、綠艷、紫艷），也可以試試來自非洲的白條綠花金龜與葛雷利角金龜、好養、快、美麗，而且也有許多不同的顏色可以玩！

東方白點花金龜

葛雷利角金龜

白條綠花金龜

# 花金龜交配

金龜類的因為壽命較短，所以對於繁殖後代的欲望特別強，所以大多非常好色，根本淫蟲，只要一有機會就會一直交配。

用一般的邏輯而言，應該會覺得「那這樣等公母交配完，我應該把公蟲與母蟲分開，以免公蟲一直打擾母蟲」才對。然而實際上卻與理論上相反，根據許多蟲友的經驗分享，大部分的情況反而是準備個大產房，直接公母一起丟產房的產量比較高。

但老話一句，養蟲沒有什麼絕對的事，不同種的蟲也有不同的養法，記得安排公母蟲相親前再做一下功課嘿！

# 布置花金龜產房

在早期,許多養蟲的大前輩們為了繁殖花金龜可說是傷透腦筋,照著養獨角仙的方式去投產,有時候成功,但失敗次數居多。

後來在前輩們不斷試錯後,漸漸發現,大部分的金龜需要乾燥一點的環境,以及朽度更高的腐植土,要是摻有闊葉木的落葉就更棒了,甚至有點砂子更喜歡,感謝前輩大大無私分享,現在已經可以很輕易地在網路上找到什麼金龜適合什麼土,甚至也有廠商販賣金龜專用土,非常方便。

若是擔心母蟲不下蛋,也可以問問看蟲友有沒有養同種幼蟲,混有同種金龜幼蟲便便的話,可以大大增加母蟲產卵的意願喔!

# 花金龜的幼蟲怎麼養？

第一次跟花金龜幼蟲見面的時候，會看到很有趣的畫面喔！因為花金龜的幼蟲通常圓圓胖胖的，而且是倒著爬，如果是兜、鍬類的幼蟲，除了南洋大兜以外，應該是沒有幼蟲會像金龜幼蟲一樣倒著爬。

金龜雖然體型小，但是食量卻一點也不小，加上糞便較為小顆，飼育家們記得要時時檢查腐植土是不是已經被吃得差不多了。

經歷跟獨角仙一樣的L1、L2、L3之後。最大的不同，在於金龜子幼蟲羽化前會用腐植土、樹葉或是自己的糞便作出「土繭」並在裡面羽化成蟲。

土繭非常的堅硬，在野外的環境可以說是阿蟲一個了不起的發明！但在人為飼養的環境，卻反而容易出事。由於製作土繭需要大量的體力與體液，幼蟲累積數個月的能量只夠作一個土繭，一但開始動工就沒有辦法回頭了，要是飼育家在幼蟲作土繭作到一半的時候更換食材，挖破土繭，導致土繭工程被打斷，這隻幼蟲大概就難逃一死了。

土繭雖然防禦力強大，但對於過高的濕度，或是製作前就滲透進去的雜蟲沒什麼抵抗力，所以並不是土繭作好了，幼蟲就不會死。

開土繭時若是開到死亡多時的蟲蛹，那個味道⋯⋯非常的可怕，那個臭，是會造成心理陰影等級的臭，建議各位千萬不要在不通風的環境開土繭，開的時候，記得拿遠一點，不要離自己的口鼻太近啊！

羽化成功爬出土繭的白條綠花金龜。

就算土繭作好了，但要是有人在金龜羽化前手賤，把土繭摳破了，羽化失敗的機率也非常非常的高。所以最好的方式還是順其自然，讓金龜自己羽化，時機成熟時自行破繭而出就好。但萬一飼育家等不及了，可以先拿起來輕輕在耳朵邊搖動，如果裡面有滾動或是彈跳的感覺，那就還是蛹，不要挖，如果搖起來都沒有動靜，那就是成蟲已經羽化，可以用腳撐著邊邊所以不會滾來滾去，這時可以用針一點一點地戳出一個小洞觀察看看，但若看到成蟲安然無恙後，建議還是蓋回去讓他睡到自然醒吧！

L1、L2、L3 的幼蟲大合照。

花金龜的幼蟲會倒著爬。

白條綠花金龜的土繭。

土繭中的白條綠花金龜蛹。

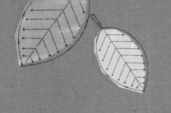

# 成為
# 飼育大師吧！

越南彎角大鍬
*Dorcus curvidens babai*

# 飼育食材的重要性

好！接著我們要開始更進一步了！

成蟲的體型在羽化後就不會改變了，到底能不能養出大蟲，幾乎全部取決在飼育家的技巧，一樣的蟲，在幼蟲期有被好好照顧或是隨便亂養，出來的成果可是天差地遠。

所以這個章節主要都是針對幼蟲飼育的部分，如果想養出更大、更健康的甲蟲，就要盡可能的在幼蟲成長期間，盡力操作所有變數，顧好每一個小細節，如果要粗略地分出哪個部分最重要，那我認為是「食材」、「溫度」、「血統」跟「管理」這四個項目。

只要這四個環節顧好就能有效減少甲蟲的傷亡，更有機會讓甲蟲毫無後顧之憂的大吃特吃，長成又大又帥的成蟲！

首先，我們來談「食材」，也就是給幼蟲吃的食物。

被好好照顧或隨便亂養的成果可是天差地遠的，圖中兩隻都是獨角仙。

## 成蟲的食物

成蟲因為口器為刷狀,所以不能吃固體狀的食物,在野外就是樹液跟腐果。在被飼養的情況下,樹液太難取得,所以可以餵食水果,最適合甲蟲的水果是香蕉,也可以餵蘋果或梨子。

但水果放一兩天就會壞掉,容易長果蠅,接著就會發臭跟爬滿蛆,很可怕。所以基本上唯一推薦的食物,就是營養又方便的甲蟲專用果凍,配合不同尺寸的果凍台或是切半器,就可以應付所有甲蟲成蟲了!

野生的台灣扁鍬正在舔食樹液。

孔夫子鋸鍬吃果凍。

長戟大兜吃香蕉。

## 認識腐植物

雖然我們說幼蟲吃土，但其實土有分很多種，不是每一種都可以被幼蟲接受的，畢竟甲蟲是植食性的昆蟲，所以飼養過程中所謂的「土」，其實就是「木屑」，但又不是指所有的木屑，這種適合養蟲的「腐植土」是由闊葉木死去後，被真菌等等微生物分解成碎片，再經歷多次腐朽、或是 發酵的過程，漸漸變成細細碎碎的深褐色木屑，也就成為了我們養蟲用的「土」。

一般的砂土、泥土這種由礦物變成的「土」，或是沒有經過菌類降解或是經過發酵的「木屑」，是不能被甲蟲當食物的喔！

倒在地上的朽木，裡面往往住了各種昆蟲。

CHECK POINT

不過有些幼蟲還是需要砂土或泥土的，例如大王花金龜、南洋大兜，在即將化蛹的階段可以在箱子底部加入一半左右的黃土或陽明山土，幼蟲會用這些土來蓋蛹室。

## 如何分辨腐植物的腐朽

越生（或稱越新鮮）的腐植物，顏色越白、越黃、越淺，最生的食材代表就是產木跟產木屑了，基本上是白色或米黃色的。

相反地，越熟的腐植物，顏色越深，越接近黑色，等到已經變成接近粉末或是泥巴狀的廢土時，就已經沒有什麼營養價值，再不換土幼蟲就危險啦！

種過香菇後被鋸成段的楓香，是蟲界最常使用的產木。

新鮮度排名大概是：

## 「產木 → 產木屑 → 發酵木屑 → 高發酵木屑 → 腐植土 → 高腐腐植土 → 廢土」。

不同的蟲種喜歡不同的土，例如獨角仙，從很生的產木屑到高腐腐植土都吃。不過如果是養日本大鍬，給他腐植土可能就會拒食。

另外，幼蟲肯吃也不等於能養出大型成蟲。而適合幼蟲的腐植物，也不一定是適合母蟲產卵的介質，這些要素在飼養時都要考慮進去，才會養出又大又帥的蟲！

吃木屑長大的幼蟲。

輕度發酵木屑　　　→　　　高度發酵木屑　　　→　　　腐植土。

## 濕度與通風

不論是使用木屑跟兜土，都要非常注意濕度。

先前說過的「握緊結塊不滴水」只是一個粗略的概念，實際上會因通風度、木屑的粗細以及溫度造成「明明都握緊沒有滴水，濕度卻不一樣」的現象。

不過現在市面上的土有分「乾燥處理過的」以及「調整過濕度的」，使用上相當方便，乾土較輕也較好保存，只要再加入固定量的水攪拌即可。濕土則是都調整好了，打開後曝氣個1～3天就可以直接用。

《AK's Beetle Shop》出品的 D 屬木屑，非常萬用也非常好用。

CHECK POINT

記得加水要慢慢加，偏乾通常不會有什麼麻煩，但過濕可能導致淹死蟲、悶死蟲、或讓雜蟲、雜菌大量繁殖，以及加速朽化速度，對於幼蟲成長相當不利喔！

不同腐朽度的木屑，可以從顏色跟粗細看出差異。

## 腐朽與發酵

要注意的是木屑拿來餵幼蟲的時候，也可能會持續的朽化與發酵，這過程會改變環境的濕度跟食材的營養，操作不慎的話，甚至會產生難受的氣味與溫度，人跟蟲都不喜歡。在沒溫控又不通風的情況下，幼蟲會跑到土表痛苦的掙扎甚至死亡。

避免的方法就是「不要將不同腐朽度的木屑混在一起」、「木屑要曝氣過才能用」、「不要濕到握緊會滴水」。

# 溫度管理方法

## 台灣的溫度適合養蟲嗎？

台灣的氣候處於亞熱帶，非常適合很多種甲蟲的生長，但是對於在平地養甲蟲的飼育家而言，還是有點太熱了。

冰箱用的溫度計。

這邊讓我先插播一段悲慘的故事，我還是高中生的時候，很喜歡DA，也就是安達祐實大鍬形蟲，然而，我好不容易存夠錢，買到一隻超過8公分的大傢伙回家，還給它取了個名字叫「安安」，但安安過得一點都不平安，養沒幾天就六腳朝天死給我看……

「為什麼！？」我難過，我明明查到的資料都說成蟲在室溫也能養啊！但仔細想想，當時的資料來源大多是日本翻譯來的文章，日本全年

電風扇能增加通風度也能降溫。

的平均溫度還不到攝氏20度，而當時的我住屏東，夏天溫度飆破攝氏36度是稀鬆平常的事，DA來自國外的深山，根本受不了台灣南部的酷暑。

所以千萬記得，不同的甲蟲有不同的適合溫度，不同的幼蟲也有適合的成長溫度，功課一定要先做好。

就算甲蟲撐得住高溫。若是通風沒做好，高溫造成的水蒸氣也會造成甲蟲呼吸困難，蟲要是悶到，凶多吉少。要是一般的飼育箱還不打緊，若是使用防蟲用的飼育箱，夏天最好是要裝一個電扇對著吹，保持空氣的流動，以免意外發生。

## 甲蟲對溫度的耐受

一般來說，攝氏24度算是最適合養蟲的溫度，這個溫度不會有悶到的問題，大致上也能維持食材穩定不發酵，適合幾乎全部的甲蟲生存與繁殖。

超過攝氏30度則是大部分甲蟲都面臨生存危機，低於攝氏20度則會被當作是低溫飼養，攝氏10度以下就會開始進入休眠狀況。

CHECK POINT

兜鍬通常怕熱不怕冷，只要不要低於攝氏5度都不會有生命危險，低溫時只要環境允許，會進入假死休眠狀態，等到溫度回升再復活，但大部分的金龜子都不耐冷，低於攝氏15度就會有生命危險。

## 溫差變化的影響

溫度控制除了影響甲蟲的食欲以外，也會影響甲蟲的行為，例如在天氣變冷之前，許多甲蟲幼蟲食欲會越來越小，甚至搶越冬做蛹室，長成短牙的小蟲蟲。

但反過來操作，也可以得到想要的飼育結果。

例如使用穩定的低溫來養幼蟲，讓幼蟲感覺不到四季變化，降低幼蟲的成長速度，拉長幼蟲期，這些都是養出大蟲的小技巧。

## 時間管理法

最簡單，也最不需要成本的就是「算時間」，例如台灣常見的扁鍬、高砂鋸、兩點鋸通常幼蟲期大約6～8個月，就在夏季投產，秋季開產房，在9～10月左右挖出幼蟲，這樣子主要的成長過程就能避開炎熱的夏天，順利長成大蟲。

## 保麗龍箱

不然也可以使用冰凍寶特瓶或冷凍袋，用毛巾與塑膠袋層層包裹後，跟甲蟲一起丟到保麗龍箱，每天只要早上一瓶，晚上一瓶交替著換，就可以穩穩地讓幼蟲度過涼快的童年……然而這方式實在太累人了，而且萬一一天忘記換，很可能就會悶到蟲，所以不太建議用此方法。

圖為我學生時期自製的溫控保麗龍箱。

我以前曾經用網路上買的USB小冰箱自己土炮把我的保麗龍箱改裝成降溫小冰箱，充分發揚了節儉的精神，但是土炮的東西用起來還是提心吊膽的，所以之後還是換掉了。

## 攜帶型製冷小冰箱

接著就是使用「溫控小冰箱」了，在網路上可以買到使用製冷晶片製作的小型冰箱，一台約4000元左右，但容量不大，甲蟲數量不多的飼育家、或是在外租屋的學生可以考慮。

網路上買到的製冷晶片小冰箱。

## 改造冰箱

但如果要找一個CP值最高的方式，那就是「改造小冰箱」了，市售很多單門冰箱，新的一台大概5000～8000元，二手的有些2000元就買得到了，再花一點點錢加裝溫度控制器，就能以不貴的價錢得到一個大約50L的溫控冰箱。

改裝二手小冰箱是 CP 值最高的方式。

然而，不論是什麼冰箱，因為不通風的關係，所以要是壞掉了，通常就是全滅，我在今年就是因為冰箱壞掉，一整批養兩年即將化蛹的海神大兜與霸王鬼豔全部被冰成冰塊，害我超級崩潰，一度自暴自棄想把我的「黑蟲倉庫」FB專頁改名成「黑蟲冰庫」。

## 專業大冰箱

再專業一點，就直接買附有溫度控制功能的營業用大冰箱，價錢大概從8000～60000元不等，取決在樣式跟大小。

冰箱算是最多人使用的溫度控制方式了，可以說是好用又便宜，但冰箱的運作必須要靠壓縮機，每次運轉的時候難以避免的會發出振動與噪音，多多少少會打擾到幼蟲，影響進食。

## 冷氣蟲室

士林蟲磨坊的蟲室。

所以最專業的溫度控制還是使用冷氣打造一個全天候的蟲室，就算冷氣壞了，了不起也只是回到室溫，不會有全滅的bad end出現，也不會因為壓縮機、開關冰箱門驚嚇到幼蟲，若是想要挑戰尺寸紀錄的飼育家，一定要選擇用冷氣蟲室來做溫度控制。

## 出租蟲室

但是台灣寸土寸金啊！冷氣的電費吹一整個月也不便宜……但是別怕！現在很多蟲店都會有蟲室空間出租！養在蟲店又能避免自己手賤一直把蟲拿起來看，在蟲店買耗材換耗材也超方便，非常推薦。

# 血統差在哪裡？

新手剛開始養甲蟲的時候，一定會聽到一些不太容易用直覺理解的詞像是「換血」「累代」「血統」，畢竟甲蟲也是生物，生物能長成什麼樣子、有什麼習性，這些都跟基因有關，所以一流的飼育家在不斷繁殖的過程中，必須要了解一些跟遺傳學有關的知識，對於飼養出大蟲或是特殊顏色會有很大的幫助。

## 累代是什麼意思？

簡單來說，公蟲跟母蟲交配時，就是一隻蟲出一半的基因給子代。

若是在大自然的環境，不斷地繁殖就會不斷地基因重組，並有可能產生變異。但在人工飼養的條件下，通常飼育家通常不喜歡變異，只想保留自己想要的基因特徵，例如「特別大」、「特別粗」、「特別健康」、「食慾超好」的特色，為了將這些有利於育種的基因流下來，飼育家常常會讓甲蟲進行「同血統繁殖」（或稱同血系繁殖 inline breed／インラインブリード）這就是俗稱的「累代」。

累代就是讓同一批甲蟲兄弟姊妹交配，因為同血系的基因會更接近，變數更小，更容易篩選出想要的基因。

大顎特別粗的高砂鋸。

極太血統的短角型長戟大兜（「極太」來自日文，就是特別粗的意思。）

## 為什麼要累代？

遺傳學雖然很複雜，但其實原理不難理解。

用人類舉例的話，就是父母都長得很高的孩子，只要營養足夠的環境下成長，往往都會遺傳到父母「長得高」的基因。

甲蟲也一樣，能長特別大隻的甲蟲，是因為本來就有大隻的基因，不然就是吸收營養的能力特別好。所以如果同一批幼蟲長大，我們只挑健康的、大隻的出來繼續繁殖，下一批幼蟲就有更大的機率出現大隻且健康的個體。

## 標示的方法

北海道甲蟲研究所有位學者，他將許多分類法整理後，成為有名的《田畠氏累代表記法》現在蟲界基本都是使用這個表記法，大家可以參考看看：

| | | |
|---|---|---|
| **W**<br>**WD**<br>**WILD** | ●野外抓到的個體<br>●野外抓到的幼蟲或蛹羽化個體 | ●無法往前追溯遺傳因子，有著未知的可能性，很適合換血用<br>●野採到的幼蟲可以標成F0 |
| **WF1**<br>（註1） | ●野生蟲所生下來的第一代<br>●野生蟲與飼育品所生第一代 | ●野生母蟲所產下的後代，如果雙親其一是飼育品，則可標示成F1就好 |
| **F1** | ●與不同血統交配後的第一代 | ●F＝Filial generation<br>●如果父母都是飼育品，則可標示成CBF1 |
| **F2**<br>**Fn**<br>（註2） | ●同血統後代第二代、第n代 | ●同血統交配的情況，就以F加上代數做記號，例如第二代是F2、第三代是F3依此類推下去 |

※ 1 WF1 的標示代表這隻蟲來自野外，但 WF2 之後就表示已經在人為環境繁殖過了，故標示的意義不大。
※ 2 同血統。

| P | ●親代 | ●P＝Parent（父母） |
|---|---|---|
| **CB**<br>**CBFn** | ●飼育品 | ●CB＝Captive Breed（飼育品）<br>●人工飼育環境繁殖出來的個體<br>●如果F後面沒有數字，通常是來源不明或是累代累到數不清了 |
| **HB**<br>**HBFn** | ●與不同品種、亞種混種<br>●與不同產地混種 | ●HB＝Hybrid Breed（雜交）<br>●這在蟲界是很不受歡迎的行為<br>●而也因為後代遺傳因子已被打亂，所以標示Fx也沒什麼意義 |

同血緣不同代繁殖的後代，要以 F 值高的為準，例如 F1 x F3 的後代要算成 F4。由於蟲可能會經由交換、買賣、贈送而易主，要是沒有確實標記的話，很容易造成血統與產地的大混亂，所以清楚的紀錄累代資訊是飼育家應盡的責任喔！

## 換血

然而，好的基因會遺傳，壞的也會，常見的累代症狀包括畸形、肢殘、爛蛋、生育力下降，每一種都是非常致命的缺陷。

所以如果要養把蟲養好、養大，有時還是得狠下心來汰除表現不好的個體。（例如用冰箱冰死、或是不再讓它繁殖）

但是如果蟲好好的，也沒有什麼明顯缺陷，實在也沒必要判蟲死刑，這個時候我們就可以進行「換血」，雖然聽起來很驚悚，不過其實只是停止近親繁殖，另尋沒有血緣關係的甲蟲來配對而已（outline breed）

換血完因為基因重新洗牌過，本來好幾代累積出來的特別表現很可能會不見，變回該品種最原始版本的樣子，這現象稱為返祖。

換血過的蟲，則是重新標示為F1（或是CBF1）。

## 血統是什麼

講完累代跟血系，接下來就是血統了。前面有提到的是：「親代的表現會影響子代的表現」，所以交流幼蟲時通常除了累代次數、產地以外，還會加上親代的尺寸。

親代很大隻、或是來自於有名的飼育家時，價值就會水漲船高。因為這些名飼育家手上的蟲都有穩定且優質的表現，而且有足夠的成績佐證血統優良，甚至為自己繁殖出來的蟲命名，有的還會製作血統證明書。例如有名的河野長戟大兜蟲HirokA就是長戟玩家夢寐以求的血統，只要環境跟食材正確，幾乎可以保證養出又長又粗的長戟大兜。

# 管理蟲的小祕訣

要把蟲養大，也是有很多小撇步的，這邊分享一些小技巧。

## 遺忘飼養法

遺忘飼養法雖然有點像是蟲友間開玩笑的招式，但其實是真的有效。

養蟲難免會手賤，平常看到飼育箱就會想拿起來看看幼蟲在哪、過得好不好、有沒有好好吃土呀？但是其實大部分的觀察都是不必要也毫無意義的，反而會因為箱中發生了重心變化、震動、光照這些狀況，打擾到幼蟲。被打擾的蟲會進入警戒模式，停止進食，甚至試圖逃離本來的位置，或是提前化蛹，所以想把蟲養大，打擾越少越好，最好像是忘記它一樣。

## 一罐到底

所謂的一罐到底，就是算好幼蟲到羽化所需要的時間，一次準備好足夠的食物後讓它吃到羽化。由於更換食材無可避免的就是會嚴重打擾到幼蟲，使用一罐到底的方式就能將打擾次數減到最少。

## 三明治飼養法

三明治飼養法通常是配合一罐到底一起用的技巧，簡單來講就是在飼育箱中放進好幾層腐朽度不同的腐植物，例如把低發酵的木屑跟高發酵的木屑分成兩層，等到高發酵的木屑被吃完時，低發酵的木屑朽度也漸漸追上高發酵木屑了，如此一來，就可以在不更換食材的前提下，讓幼蟲吃到一樣新鮮的食物。

不過由於不同發酵程度的食材會產生醱酵作用，可能會增加箱內的溫度，所以這個方法一定要在溫度控制的環境下使用。

## 食材換一半

更換食材的時候，大部分的情況都是全部換掉。但如果舊的食材沒有太嚴重的問題，不要一次全換有時會是更好的選擇。

例如如果已經能透過觀察確定幼蟲的位置，那就盡可能不要打擾幼蟲，只把另外一半的食材換掉，讓幼蟲想吃新鮮腐植物的時候自己爬過去吃就好。

舊的食材雖然新鮮度較差，但可能附有來自幼蟲糞便的共生菌，對幼蟲的吸收與健康是有幫助的。

## 單獨飼養不混養

大部分的的甲蟲都不適合混養，硬要養一起的話，不但會互相打擾，甚至還會互相殘殺，最後俗稱「合體」整箱只剩下一隻。

更嚴重的是有些飼育家投產了母蟲後卻懶得挖出來，幼蟲還要狹路相逢才會打架，母蟲可是會主動獵食幼蟲的啊！才不管是不是她親生的勒，自己的月子餐自己生！

所以要把蟲養大，就幫阿蟲們準備好個人套房，一蟲一間吧！

台灣繡鍬母蟲獵食幼蟲。

## 大空間飼養

空間大小直接影響到成蟲大小,這已經是確定的事了,所以除非飼育家有意讓幼蟲提早羽化、或是故意要養出小型個體。否則容器越大越好,不要為了節省一點食材就把幼蟲養在小箱子,把蟲養小了就得不償失了。

一般來說市面上常見的塑膠容器有100cc杯、250cc杯、500cc杯跟1000cc方盒。

我會建議除了L1幼蟲為了分裝目的使用100cc布丁杯以外,否則都直接用500cc以上的空間飼養,L3以上更是不要讓空間小於1000cc。

養蟲各種常用的塑膠容器:餅乾盒、布丁杯、塑膠碗。

## 壓實

這是使用木屑飼養鍬形蟲幼蟲才會需要用到的技巧。因為在大自然的環境,鍬幼大多是在硬質的朽木中成長,所以用木屑飼養時,必須要盡可能的把木屑壓實,形成類似木頭的堅硬空間,讓幼蟲有安心感才會乖乖吃飯長大。

# 幼蟲如何分公母

這篇來講一下幼蟲怎麼分公母。鍬形蟲的成蟲公母一目了然：有華麗大顎的就是公蟲。但幼蟲就會比較難分辨了！

一般來說L1幼蟲彼此間沒什麼分別，要到L2以及L3才會比較明顯，目前已知的分辨方法有圖示這幾種：

## 鍬形蟲幼蟲性別分辨

| 公蟲 male | 母蟲 female |
|:---:|:---:|
| 無黃球 | 從背部可看出黃球 |
| 成長較慢 | 成長較快 |
| 頭幅較大 | 頭幅較小 |
| 體型較大 | 體型較小 |

## 馬氏管辨識

從幼蟲背後看有沒有米黃色的球狀物，有的話就是母蟲，準確率高達七、八成。

因為只有母蟲有，那個球狀物以前被當成是卵巢，但是之後專家研究發現那應該是馬氏管而不是卵巢，而且那一個位置常常會形成脂肪塊，所以也是常有被誤認的可能。

## 頭蝠辨識

將幼蟲擺在一起比較，或是直接用卡尺測量，頭幅大的，就是公蟲。

不過因為有時候會有小型公蟲或是大型母蟲的出現，所以看頭幅來判斷還是有機會出錯，但儘管如此，也是有很高的參考價值。

母鍬幼蟲才會有的黃色球狀物。

## 體型辨識

大部分公母的體型都會有差距。

等到L3過一兩個月後，公蟲體型就會很明顯比母蟲大隻，但是考慮到個體發育的差別，這個準確度並不是很高……而且能分出性別時都已經L3中了，發育的黃金期都過去了……

公的鍬幼頭幅通常會比較大。

## 成長速度辨識

在L3之前，母蟲會發育得比較快，會比公蟲更早脫皮。

如果能確定孵化時間差不多的話，L1較大隻可能是母蟲，但正常來講產房一投就是一至兩個月，很難確定孵化日期，所以用「成長速度」判斷準確率最低。

## 分辨兜蟲公母的方式

獨角仙跟兜蟲的成蟲要分辨公母不是什麼太大的問題：有角的就是公蟲；
沒角的就是母蟲，幾乎沒有例外。
但獨角仙的幼蟲能不能分辨公母呢？答案是可以的！要訣就是把幼蟲翻過
來觀察腹部。

## 兜幼蟲公母性別分辨法

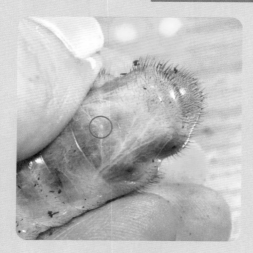

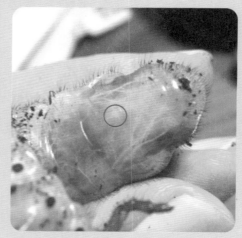

| 公蟲 male | 母蟲 female |
|:---:|:---:|
| 有小刻點 | 無小刻點 |

公的幼蟲除了體型跟頭幅會稍大一
點以外，在腹部 （肛門往回數第二
節）中間會有一個小刻點。L2末的
時候可以觀察到，但不太明顯，在
L3時，把幼蟲放在光源下就不難觀
察到。

雖然有時候會因為幼蟲太肥或是已經白白黃黃的情況下造成辨識上的困難
……不過至少是有個方法可以辨識出幼蟲的公母啦！

再練習一下，這是公蟲。

這是母蟲。

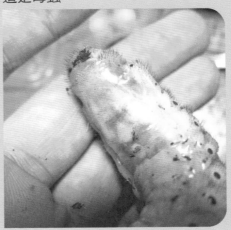

CHECK POINT

幼蟲常常會縮成一個「C」狀，這時
可別硬把他掰直啊！會受傷的！只要
把他放在容器裡，他自然會為了爬行
而伸直。

# 人工蛹室

為了要化蛹，幼蟲會自己做一個橢圓形的空間，讓自己能在裡面待過前蛹、蛹跟蟄伏期這些階段，前前後後加起來可能要2～3個月，有時候飼育家沒有察覺，換土的時候一倒出來才發現幼蟲把蛹室挖爆了，這時怎麼辦？

唯一的方法就只有重新幫它做一個蛹室了。因為在沒有蛹室的情況下，羽化失敗機率幾乎是100%！

人工蛹室最重要的功能，在於打造出一個有弧度的空間，讓蛹羽化的時候可以翻身、晾翅以及讓頭角、大顎充血伸展，同時還必須要維持適合的濕度，以及要有吸濕跟排水的功能（因為羽化前，甲蟲會把多餘的體液排掉，要是造成底積水，可能會黏住翅膀導致翻不了身，然後羽化失敗）。

所以最常見也最好用的就是插花用海綿了！

首先用切一個適合的大小,然後從將插花海綿放到蛹室旁邊測量長度與寬度,並且用指甲或湯匙做個記號。

接著可以用指甲或湯匙開始挖出一個橢圓的空間,用金屬湯匙會比較有效率,但用指甲慢慢刮會有種謎之療癒感,非常推薦,也可以去洗手台邊沖水邊挖,但是記得要先加裝濾網以免屑屑堵住水槽喔!

形狀挖好後就可以去沖水,把屑屑沖掉順便讓海綿充分吸水。

但是內部也不能太濕，所以要用餐巾紙把表面的水吸乾 （用衛生紙會掉屑屑，不推）。

最後把蟲放進去人工蛹室，再把人工蛹室放進容器，用衛生紙或餐巾紙塞進空隙來防震防晃動，蓋上蓋子，貼標籤。

然後千萬記得蛹很脆弱，只要被螞蟻咬一口就死定了，所以要做好防蟻措施！

懶得自己弄的話，其實市面上也有賣現成的海綿蛹室。

大兜基本上也跟鍬形蟲一樣是橫躺的，頭的地方通常會高一點點，大概有著10～20度左右的傾角，記得要留多一點的空間讓胸角跟頭角充血。

但如果是獨角仙跟姬兜的話，他們的蛹室是直立的，所以人工蛹室也要挖直的。傾斜角度差不多為70～80度，太過垂直的蛹室容易失足跌落。

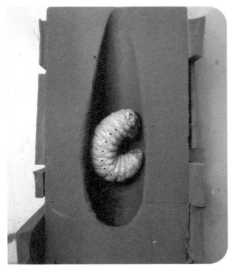

長戟大兜用蛹室

姬兜蛹室

CHECK POINT

理想的寬度大概是蛹體的1.5～2倍寬，最重要的點在於「能不能讓蛹自行翻身」所以做好蛹室後觀察一下，如果幼蟲屁股扭來扭去都沒辦法找到施力點，可能是不夠寬，或是底部弧度不夠圓。弧度不夠圓。要是狀況緊急，用厚紙板跟的餐巾紙也可以當做蛹室的材料（但要記得用噴霧器加濕）。

# 產地與分類

接下來講到一個蟲界特有的文化：蟲界非常在意產地與分類。一定要盡量追求產地標註正確已經是不可打破的規矩。一樣是養東西，其他的領域會更加在乎改良後的表現，但蟲界則是盡全力維持原產地、原種、原型的純粹，要是混到來路不明的蟲，甚至還會被要求你不可以流出，或是乾脆把蟲冰掉。會有這個現象很可能是因為甲蟲可以製作成標本，處理得好幾乎可以永久保存，若是自由配種造成表徵混亂的話，就會打亂收藏價值，也會增加分類上的困難。

而提到分類，也是很容易吵起來。分類是人類為了方便自己辨認而製造出來的框架，我們在講蟲的時候，常常會用俗名來稱之，但用俗名並不夠精準，因為野生的蟲蟲想飛去哪就飛去哪，明明叫做寮國大鍬，但產地可能是越南，但是講越南大鍬可能會有人以為是越南彎角大鍬，所以還是要用學名加上產地才能好好辨識。

巨大鍬形蟲（*Dorcus grandis*），以前常常被叫做寮國大鍬。

儘管昆蟲學家們很努力想要把牠們分門別類，但是因為科技也不斷進步的關係，新的分類可以從基因去分析，常常推翻以前用外型、習性的分類方式，導致分類方式變來變去，同物異名的蟲越來越多，命名也越來越複雜。野生的蟲蟲也沒有想要管分類，氣氛對了，甚至是不同屬、不同種都一樣能交配（只是後代不一定有生殖能力）。

例如下面這兩隻蟲，一隻是日本大鍬；一隻是中國大鍬。雖然產地不同，但是外型非常相像，習性也一樣，彼此也是可以互相交配並生出有生殖能力的後代。 但是也有人會把這兩隻分在彎角大鍬的亞種，成為了 *Dorcus curvidens hopei* 與 *Dorcus curvidens binodulosus*。

你以為已經夠複雜了嗎？不，人類就是有辦法讓事情更加複雜，因為講到了地緣，就會再扯上政治。例如大多數韓國人就不叫它們日本大鍬，它們當成中國大鍬，只是產地在日本。

這個章節並沒有要深入探究分類的方式，只是要提醒各位飼育家要好好搞清楚自己的蟲的來源與產地，並且更加了解自己的甲蟲叫什麼名字，以免在交流上跟人起紛爭。

中國大鍬現在較常用的學名是
*Dorcus hopei hopei*

而日本大鍬是
*Dorcus hopei binodulosus*

左邊是日本大鍬、右邊是中國大鍬。

# 蟄伏期的照顧

## 什麼是蟄伏期？

甲蟲在羽化後，並不會馬上開始活動。而是在蛹室裡面靜靜的等待身體各部位與器官變硬、等到一切成熟後才會爬出蛹室。這段期間就被叫做蟄伏期。

蟄伏中的姬兜蟲

蟄伏中的日本大鍬

蟄伏期的成蟲初期還會翻翻身、換姿勢，但大部分的時間都像是睡著一樣不吃也不動。這時候過度打擾跟餵食可能都會害死蟲。但萬一置之不理，時機沒抓準或放到忘記，蟲又可能會放到乾死或餓死。所以建議是用微濕的水苔把成蟲埋起來，並在最上方放一層薄薄的衛生紙。

由於過了蟄伏的成蟲，會先排出深色的體液，然後到處尋找食物，所以要是衛生紙被抓爛或大幅移位、以及容器沾到一堆褐色液體，就表示成蟲已經醒來並開始活動，這時就可以丟個果凍下去，看看有沒有被吃，有的話，就可以確定成蟲已經睡醒開始活動囉！

CHECK POINT

### 什麼是成熟期？

除了蟄伏期以外，還有一個階段叫成熟期。也就是說過了蟄伏期開始大吃，並不代表已經性成熟可以交配了，這時候要是嘗試讓公蟲與母蟲配對，往往會對彼此興趣缺缺，以失敗收場。

成熟期的時間也是因蟲而異。例如兜蟲大多是過蟄伏開始大吃就可以交配了。但鍬形蟲就不一定了，尤其是體型越大、越長壽的鍬形蟲通常需要更久的時間，像是長頸鹿鋸、巴拉望巨扁、日本大鍬，可能都需要等進食後兩個月後才會比較有交配的欲望。

# 標本製作

在養甲蟲的過程中，一定會面臨面臨到蟲的死亡，不論是論是疏於照顧、壽終正寢、或是一些光怪陸離的狀況……有時候根本找不出原因，但不管怎樣，我們可以把它們生前雄壯威武的英姿給永久保留起來。做標本的方式有很多種，這篇來聊聊最簡單也最常見的「乾燥標本」製作法。

在甲蟲死亡後，要用最快的速度處理，否則時間一拖久，僵硬、腐敗、生蟲、發霉、破損等等狀況都會出現。如果沒有時間馬上處理，可以冰到冰箱冷凍庫，在蟲界稱呼這種未處理的標本為「濕貨」，或是先大致的擺個姿勢烘乾，改天再來展足，這種狀態則會被稱為「乾貨」。

## 製作乾燥標本需要的材料

要製作甲蟲乾燥標本，必須先準備好這些東西：

1 死蟲
2 固定用針（大頭針、珠針、昆蟲針、牙籤都可以）
3 保麗龍板（軟木片、珍珠板、巧拼）
4 烘箱（烘果機、烘碗機）
5 標本盒（塑膠盒、餅乾盒）

準備好之後，先將蟲泡熱水，殺死
雜蟲以及軟化關節。可以用滾水，
也可以泡酒精，酒精有更好的殺
菌、除蟲跟除臭力，但只能泡幾分
鐘，因為酒精有脫水作用，泡太久
反而會讓標本關節脫水硬化。

接著把蟲體清洗乾淨。過程溫柔一
點，以免弄斷它的腳。

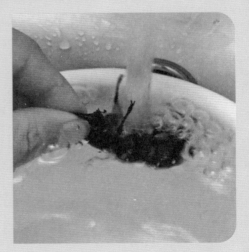

接著把蟲、保麗龍、針放到舒
適、明亮的工作環境。也可以
先把針插到另一個保麗龍板上
會比較好拿，過程小心不要被
針刺到。

接著慢慢的把觸角、頭角、跗
節跟爪子伸展開來。這步驟要
很小心，不然很容易弄斷。

接著就把要製作成標本的蟲放
到保麗龍板上，用兩根針分別
插到胸與鞘翅中間的縫，固定
蟲身。

再用交叉插針的方式，把腳與觸角喬出漂亮的姿勢。這個步驟盡量讓跗節跟爪子騰空，以免以後移動標本的時候勾到底部。

先弄大的部分，再來慢慢處理細節。

然後移開搗蛋貓（並非所有飼育家都會遇到此狀況）。

把全部的位置都固定好後，
再作最後的調整。

多換幾個角度確認有沒有
哪裡漏掉或歪掉。

接著把蟲丟進烘箱，
一般沒有專業烘箱的
替代品通常是烘碗機
或 是 烘 果 乾 機，烘
個3~5天左右，就能
完全乾燥了，如果沒
有烘箱的話，可以找
個金屬盒，蓋子開一
角放在夏天的太陽下
曬（但可不要被淋到
雨）。

如果沒有辦法弄到烘箱，也不要擅自使用家裡廚房的烘碗機，因為烘的過程會有味道，你媽一定揍你，這時可以找蟲店幫忙，蟲店通常器材都很齊全。

總之烘乾的重點在於：

●不要太陽直射
●避免接觸雜蟲
●乾燥、避免潮濕
●比室溫更高的溫度

等到差不多烘5天就完全乾燥了，這時候放到標本箱就可以永久保存囉！

當然，也不一定要用專用的標本箱，但是要保存標本，箱子必須有下列特性：

●隔絕害蟲
●具有軟式底部（以插針固定標本）
●能放防蟲劑、樟腦丸的構造
●能放乾燥劑的構造

CHECK POINT

製作標本的時候用什麼針都可以，但放進標本箱後就要使用標本針，不然會有生鏽的問題。

# 害蟲的防治

沒錯！就算是愛蟲之人也會對不請自來的
蟲恨得牙癢癢的。養甲蟲時總是會有一些
不速之客，處理不好就會釀成災難！

最煩人第一名就是「木蚋」，木蚋看起來
很像小飛蚊，飛行能力不怎麼樣，嚴格說
來除了很煩以外也不會造成什麼傷害。但
是它的幼蟲就會造成麻煩了，幼蟲俗稱白
線蟲，會跟幼蟲搶食物吃，造成木屑跟土
的加速腐化，而且要是幼蟲、蛹不健康或
是受傷，白線蟲也會去啃傷口，造成傷口感染，通常沒多久就會死掉。

由於木蚋防不勝防，難以避免，所以建議木頭、木屑跟土使用前要先至少
冰凍個一兩天，容器也先用酒精消毒後沖洗，最好再用細目洗衣網套住。
如果真的中了，消極的方式是大量擺黏蠅紙，耗材換勤一點，每次都全部
更換，這樣至少能把木蚋的數量控制在不影響幼蟲的程度。

至於煩人第二名，應該是蟎。蟎有很多種，但全都一樣煩，只要一感染，加上環境濕度太高，就會大量繁殖，真的很噁心，除了讓人密集恐懼症發作以外，一大堆蟎寄生在幼蟲身上會讓幼蟲很不舒服，間接影響到進食欲望，甚至堵住氣孔造成死亡或是化蛹失敗。

成蟲身上也會長蟎，但對成蟲的危害不大，就是一句話，噁心。蟎跟木蝨一樣是只要一感染就很難解決，預防勝於治療。最直接的方式就是降低濕度、增加通風，配合每個禮拜換新土。如果真的太嚴重，可以用沖水加上軟毛刷，先盡可能的先去除大多數的蟎。市面上也有一些除蟎砂、除蟎水之類的用品，我個人用過覺得效果普通，還是用偏乾木屑勤換個幾禮拜就能把數量控制住。

濕度過濕還有另一種煩人的跳蟲會大量增生，跳蟲對蟲就沒太大傷害了，但是爬到人身上會有癢癢的感覺，而且一繁殖就是一片，一樣噁心。

接著就是果蠅，果蠅主要是果凍或是水果發酵後會出現，這個除了礙眼跟噁心以外沒有問題。

總之，所有雜蟲能避免就避免，因為幾乎都會對幼蟲造成傷害如蟑螂、螞蟻、蚯蚓、蜈蚣、吉丁蟲幼蟲、天牛幼蟲只要出現在飼育箱裡面，都會攻擊幼蟲，為了不讓幼蟲冤死，建議飼養前都要確實冷凍過再用。

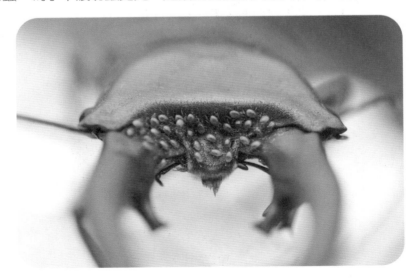

# 世界的
# 獨角仙

巨無霸姬兜
*Xylotrupes gideon sumatrensis*

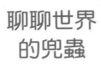

# 聊聊世界的兜蟲

接下來第六章和第七章這兩個章節，就是黑蟲倉庫養蟲的心得啦！第六章先來聊聊兜蟲這種迷人的生物。雖然在分類上其實都算是金龜子，但講到兜蟲，蟲界的飼育家們通常指的就是世界各地的獨角仙，圓圓胖胖，然後可以用胸角與頭角打架的那種。

兜蟲都很擅長飛行，但壽命多半不會太長，往往就是一個季節左右，大兜可能可以活個半年。不過大部分的兜蟲都沒有辦法活過冬天⋯⋯講是這麼講，但那是指沒有溫度控制的情況啦！

畢竟台灣其實也不算是四季分明的國家，更何況大多兜蟲來自熱帶，有的地區甚至沒有四季，只有乾季跟雨季。加上人為飼養的全溫控環境，所以很多兜蟲一年四季都會有成蟲，而不會像我們台灣的獨角仙每年只會在蟲季出現。

在飼養上，兜蟲由於體型較大，所以需要的空間也要更大；同時也因為食量大，吃掉的耗材也多，整體而言是比養鍬形蟲更難一點點。但繁殖的難度往往簡單得多，兜蟲每隻都是淫蟲，無時無刻都想交配，也比較不容易發生母蟲被家暴致死的狀況，只要成功配對後，一隻健康的母蟲在營養充足的狀況，常常都能產下破百顆的蛋喔！

不過在由於兜蟲的體型與習性，讓他們演化出可以牢牢抓住樹幹的跗節跟前爪，非常尖銳，如果抓在手上把玩，帥歸帥，但手是會很痛的！

這是《地下蟲坊》的秉生送我的大雨傘暨角兜，很漂亮的一隻蟲，但頭角太高了常放不進標本箱，可惜當初只有一隻公蟲，沒辦法協助他成家立業。

# 長戟大兜

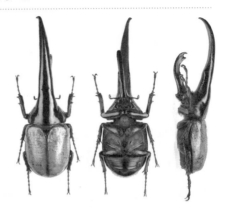

日文名稱：ヘラクレスオオカブト
學　　名：*Dynastes hercules*
產　　地：中美洲、南美洲
飼育難度：★★★☆☆
繁殖難度：★★★☆☆
成蟲壽命：4～7個月
成蟲大小：♂：45～181mm　♀：40～80mm
幼 蟲 期：18～24個月
溫　　控：必須（適溫約攝氏22～26度）

## 聊聊長戟大兜

如果甲蟲界有全明星的票選。那最閃耀、最紅的一顆星一定就是長戟大兜了。就算是對養蟲沒興趣的，只要看到長戟大兜，也一定會眼睛一亮，高呼一聲「哇！好大」，我小時候在甲蟲的圖鑑上看到長戟大兜也是驚為天人，當時書上用的名字是「大力士獨角仙」。

為什麼叫大力士呢？因為它的學名叫做Hercules，念成「赫克力士」或「海克力斯」，是希臘神話中的主神宙斯的兒子，力大無比，也是當時代最強的英雄，以前台灣翻譯成大力士，連迪士尼的電影也是用這個翻譯名，所以獨角仙也跟著這樣翻。

後來等我回鍋蟲界時，就沒有人這麼叫了，都改叫長戟大兜，或是用三個英文字母稱呼之。為什麼會有這種講法呢？這就要聊到長戟大兜的產地了。

## 長戟大兜的家鄉

野生的長戟大兜住在哪裡呢？我小時候還真的幻想過可以到山裡面去抓長戟，但其實在台灣是不可能抓到長戟的，如果真的看到，那也是人為飼養個體跑出來變成的浪浪蟲，而不是野生的。因為長戟大兜的家其實是在遙遠的中美洲跟南美洲，以及一些在加勒比海的島嶼。

這些長戟大兜因為隔了山、隔了海，不同的族群好幾千年來沒有接觸到，基因就慢慢往不同的方向演化，導致特徵跟習性出現了小小的不同點，但差異又還沒大到讓他們的基因無法產生後代，在分類上就會先用亞種來做出區別。

## 長戟大兜的亞種

長戟大兜常見的分類約有10種，分別是：

*Dynastes hercules ecuatorianus*
*Dynastes hercules hercules*
*Dynastes hercules lichyi*
*Dynastes hercules morishimai*
*Dynastes hercules occidentalis*
*Dynastes hercules paschoali*
*Dynastes hercules reidi*
*Dynastes hercules septentrionalis*
*Dynastes hercules takakuwai*
*Dynastes hercules trinidadensis*

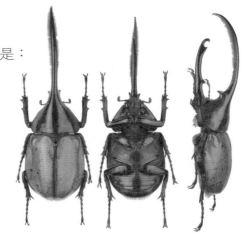

長戟大兜 DHO 三視圖。

在蟲界，一般會用屬名、種小名跟亞種名的縮寫來稱呼，例如*Dynastes hercules hercules*就簡稱DHH。雖然亞種很多，但因為很多亞種在它們老家原產地已經是保育類了，所以其實有一半左右幾乎沒有在市面上流通。DHH是最多人玩的亞種，角形最漂亮，也最粗。

DHL本來也是很多人玩，論尺寸也不會輸給DHH，但因為大家發現DHH的比例更漂亮，所以DHH的數量就越來越多。

圖中這隻是我養過最大隻的 DHH，不過胸角很彎，雖然很有特色，不過長度上就弱掉啦！

接下來是DHO，DHO在尺寸表現上雖然比不贏DHH跟DHL，但DHO對溫度跟環境有更強的適應力，可以說是最適合新手入門的長戟。

我以前在屏東養蟲時，因為南部真的太熱了，就算有溫控冰箱，還是很怕發生意外，所以把DHO當成主力養。

爬到產木上探險的DHO。

DHO 正面照，胸角跟頭部都長著金色的毛。

DHL 還是有比 DHH 好養的優點，也是我第一次養長戟入門的亞種，黑蟲倉庫的看板蟲之一。

在前一陣子，台灣昆蟲學者黃仁磐博士發表了最新的分類法，幾乎所有的長戟亞種都被提升成種了，所以例如DHL（Dynastes hercules lichyi）升階後，名字變成了DL（Dynastes lichyi），也就是俗稱的利奇大兜。不過，學名這種東西一旦發表就發表了，如果有撞名或是改名，也可以用同物異名、同名異物的方式持續存在，所以也不用執著DHL還是DL，溝通上只要雙方知道自己討論的是哪一隻蟲就好。

## 成蟲的照顧

當你入手了長戟成蟲後，一定要先有心理建設，這並不是好養的甲蟲。

首先是它的食量很大，一天最多可以吃到兩個果凍。雖然如果每天半個果凍一樣養得活，但營養會不夠，長久下來會影響到活力跟繁殖。

而且因為角很長的關係，常常會卡住吃不到，所以飼養空間一定要夠大，並且使用大型果凍台，以免讓蟲餓著了。

講到角很長⋯⋯這長戟大兜頭上兩根長戟在野外是拿來打架用的。但在飼養箱沒辦法拿來打架，還可能會撞來撞去的，自己把自己的角弄斷是很常見的事，如果真的不想看到角斷掉，許多人會幫它們戴套，用塑膠管把胸角套住，防禦強化一下。

很多人養長戟常常養一養，黃色的鞘翅突然變成黑色的了。這不是生病，而是因為長戟的鞘翅上其實有很多細孔，所以食物很營養造成的出油、或是濕度太濕，都可能造成鞘翅的黑化，一般來說只要環境很通風就會慢慢黃回來了。

## 長戟大兜適合的溫度

長戟其實蠻怕熱的，常見的亞種中，DHL 跟 DHO 是相對比較不怕熱的物種，但在台灣，沒溫控的環境飼養還是太熱。成蟲理想的溫度大概在攝氏 22～26 度。超過攝氏 30 度通常活不了太久，所以沒有溫度控制的設備，建議先不要養長戟吧。

## 長戟大兜的交配

長戟很愛打架,而且是極具殺傷力的那種,一不小心是會出蟲命的,所以平常都單獨飼養,只有交配的時候才會讓他們夫妻相見歡。

方法跟一般兜蟲一樣,只要先讓母蟲在果凍台開始吃果凍,再把公蟲從背後放到母蟲身上,通常很快就開始嘿咻嘿咻了。

但不管用什麼方式,建議飼育家還是要拿個寶特瓶之類的東西在一旁待命,要是公蟲想打架的欲望超過想打炮的欲望,就要趕快介入,把寶特瓶督到頭角跟胸角之間,拯救母蟲以免她被夾爆。

公蟲本來要交配,結果被母蟲跑掉,意外拍到生殖器的樣貌。

## 產房的布置

長戟的產房布置理論上跟獨角仙差不多，但是要大很多，通常會建議用到XL以上的箱子，甚至是直接拿整理箱改造會更好。

產房整理箱。

如果使用這種整理箱，空間跟深度都很適合，但要記得改善通風，必須自己鑽洞，如果手上沒有適合的器材，可以詢問蟲店能不能借用，像我這一箱是去士林蟲磨坊DIY的。

整理箱改造。

介質可以使用高度發酵的木屑，或是腐植土，我最常使用的是台灣的AK木屑或是日本fujikon的紅包土。

產房放土。

最下層留個2～3公分緊緊壓實，然後再將大部分的土倒入，上半部稍微壓實就好，太實的話會讓母蟲鑽土的時候消耗更多體力。

木屑壓實。

最上面多放一些攀抓物跟果凍，果凍每個角落都可以丟一顆，最後放入母蟲就大功告成了。

產房完成。

最後建議要套上防蟲網或洗衣網來防雜蟲，大概三、四天換一次果凍，最慢不要超過一周，就算母蟲沒吃還是要換，以免長蟲或發霉。

產房要有足夠的食物讓母蟲補充營養。

母蟲常常會在土中待個好幾天不出來，然後再出來就是一口氣大吃特吃，休息一兩天後再回去繼續生，而卵大約要一個半月左右才會孵化。所以為了避免母蟲鑽來鑽去的過程踢破卵或弄死幼蟲，一般建議投產一個月至一個半月就要取出母蟲。讓母蟲休息幾天，做個月子後，再重新布置產房讓母蟲繼續生。

約莫一個月就可以看到卵了。

第一輪生產力跟速度都是最強的，第二輪跟第三輪就會減弱，爪子也很可能會越來越少，所以也有很多飼育家第二輪投產之後就讓母蟲養到壽終正寢。

辛苦的母蟲，鑽土鑽到爪子都斷了。

## 幼蟲飼養

有些玩家會先採卵，但我是不採派的，因為傳聞母蟲在產卵的時候，會先用屁股跟產卵管在木屑塊中蹭來蹭去，再膨脹壓出一個卵室後產卵，這個過程會將一些共生菌留在卵室中，對幼蟲有益。

而挖出來則會增加弄壞、感染雜菌的風險。兩種作法都有各自的支持者，也各有養出大蟲的成績，所以最後就問自己空間夠不夠放一堆產房就好，空間夠就不用挖。

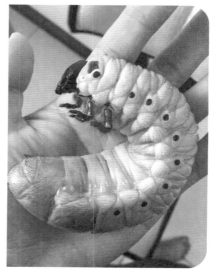

孵化到羽化共需1年半到2年，算是相當的漫長。

如果要拚大蟲，可以用低溫一點的攝氏20度養，但成長期可能會拉到2年半。沒有想挑戰紀錄的話，我建議用攝氏24度養就好，大部分吃個一年半就會化蛹了。

另外有個小祕訣就是換土的時候，可以保留約1/5的舊土跟糞便，均勻的混在新土裡，如此一來可以讓幼蟲不用重新適應，也能把一些對幼蟲有幫助的益生菌跟共生菌留住，對於羽化的尺寸會有幫助的！

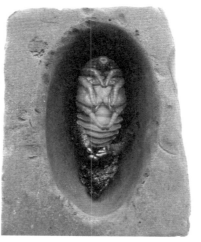

一般來說母蟲會比公蟲早半年羽化，而如果沒生蛋的話，母蟲的壽命也差不多就是半年……所以如果沒有特別在時間上做調整的話，同一批蟲很容易對不到，如果飼育家有打算累代，必須注意這個羽化時間，例如將母蟲用較低的溫度養，或是同時養兩批蟲。

## 蛹

到底要不要把蛹挖出來，這應該是長戟玩家最頭痛的事。長戟前蛹兩個月，蛹期一個月，蟄伏兩個月，接近半年的時間都在蛹室度過。雖然我們常說天然的尚好，但長戟羽化的問題真的太多了，養了兩年的蟲若是就這樣不明不白的死掉或變畸形，任誰都受不了，所以就產生了三個主要的流派：挖、不挖、挖一半。

如果要挖，就是要另外製作人工蛹室，好處是不用怕幼蟲自己要笨導致畸型，壞處是挖的過程怕傷到幼蟲，或是經驗不夠導致蛹室的造型跟溫度出問題。如果不挖，基本上就是聽天由命，一切交給老天安排，缺點是無法體會親眼看到蟲羽化瞬間的感動，萬一化蛹到羽化的過程出事，飼育家也沒辦法給予任何的幫助。

最後所謂的挖一半，就是所謂的開天窗，非常小心的用指甲慢慢摳，直到摳出蛹室的形狀，再將蛹室的上半部約一半摳出來，如此一來，飼育家就可以確保蛹室沒有問題，也可以觀察羽化的過程，幼蟲也能用自己的天然蛹室羽化。

摳出天窗後，可以用帶著手套的手扶住蛹，將飼育箱傾斜取出蛹，然後把掉進去蛹室的土與皮清出，以免影響羽化，清除後再用一樣的方式慢慢的把蛹放回去，最後用紙巾蓋住天窗以免濕度散發太快。

## 狗食飼養法

如果在圖書館或是網路上找資料,應該會找到很多利用狗食飼養長戟的文章。但長戟幼蟲真的要吃狗食嗎?答案是「NO」。

主要是以前的養蟲的技術還不夠發達,一般的木屑跟腐植土沒辦法給予幼蟲足夠的蛋白質,但現在科技日新月異,對於蟲及耗材的理解也越來越深,大部分的兜土都能提供幼蟲足夠的蛋白質了,使用狗食只是給自己添麻煩而已(因為每天換等於每天打擾,一天不換就會長蟲跟發霉)。

## 血統重要嗎?

在長戟最後的筆記,要來探討這個問題「長戟的血統重要嗎?」,這個問題沒有一定的答案,飼育家一定要先問自己「我養長戟的目標是什麼?」如果只是想養出健康的14cm左右的大型個體,那其實就不用在乎什麼血統。

但如果目標是16公分以上的超大型長戟,甚至是想要挑戰18公分的紀錄,那血統不但是「重要」,甚至已經到「必要」的程度了。畢竟對於這種生命週期超過兩年的蟲,要是不確定血統有沒有大型基因,就等於是開盲盒一樣,每次繁殖都像是去轉蛋,當然也是有機會超級稀有的SSR基因,但是這個轉蛋機要兩年才能轉一次啊!飼育過程該給的空間、耗材一樣都不能少,時間就是錢,錢還是錢,萬一賭輸了就是兩頭空,所以長戟玩家們才會對於血統的追求特別狂熱,甚至交流的時候都還一定會要求出示血統證明、蟲源跟細產地。

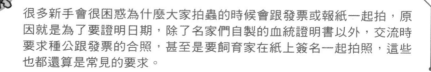

很多新手會很困惑為什麼大家拍蟲的時候會跟發票或報紙一起拍,原因就是為了要證明日期,除了名家們自製的血統證明書以外,交流時要求種公跟發票的合照,甚至是要飼育家在紙上簽名一起拍照,這些也都還算是常見的要求。

下圖是我的好朋友志穎用AK木屑養出來的179mm長戟，就算胸角歪歪的，但還是破了台灣的飼育紀錄，希望之後子代的角能直一點，一舉突破最大紀錄的181mm吧！

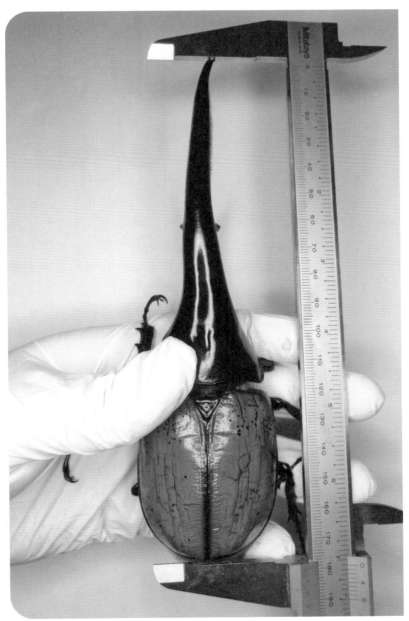

甲蟲的體長測量方式是從頭角或胸角的最前端，量到鞘翅的最末端。

# 海神大兜

日文名稱：ネプチューンオオカブト
學　　名：*Dynastes neptunus*
產　　地：南美洲西北部、哥倫比亞、厄瓜多、
　　　　　祕魯等
飼育難度：★★★★☆
繁殖難度：★★★★☆
成蟲壽命：4 ～ 8 個月
成蟲大小：♂：48 ～ 157mm　♀：39 ～ 76mm
幼　蟲　期：24 ～ 30 個月
溫　　控：必須（適溫約攝氏 18 ～ 24 度）

除了長戟以外，還有一種隱藏版的黑長戟、它就是海神大兜。

海神大兜跟長戟大兜是親戚，但是多了兩根胸角、從正上方看，很像是海神波賽頓的三叉戟，所以被命名為海神大兜（Neptune是海神波賽頓的羅馬名）。而且鞘翅跟長戟不同，是全黑色的，非常帥氣。

但在台灣，海神的飼育家就少很多，不為什麼，除了體型小一點以外，最主要是海神真的很不好養。不論成蟲還是幼蟲，都需要非常低溫的飼養，不然就會死給你看。

多低溫呢？成蟲要養在攝氏26度以下，攝氏28度就有可能會死。幼蟲則是至少要養在24度以下。如果想養出大型個體的話，幼蟲要養在攝氏18度～20度，還要至少養兩年才會羽化，大型個體養個三年都不奇怪。

海神幼蟲。

我自己養海神的經驗其實很悲劇，第一次養的時候跟日本大鍬一起用攝氏24度養，結果出來的都小蟲，第二次養的時候，冰箱故障，溫度直接剩不到攝氏5度，所有幼蟲全部變冰棒，黑蟲倉庫變成黑蟲冰庫。各位別看上面只是短短兩行的輕描淡寫，實際上可是花了我五年啊！

還好我的好朋友聖翰那邊有帥氣的大型個體可以支援，還提供了我很多非常珍貴的羽化照片，這章節才有這些美麗的照片可以放。

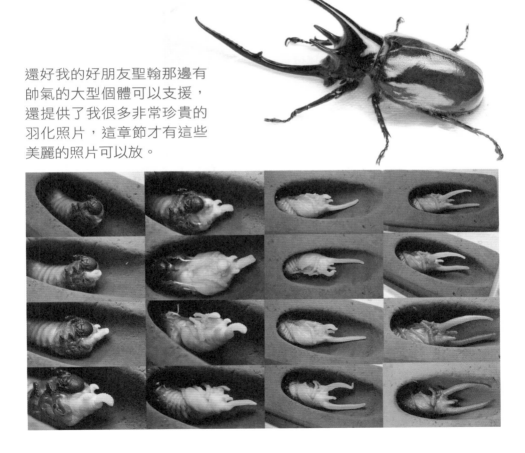

# 白兜蟲（Dynastes 屬）

## 美西白兜

日文名稱：グラントシロカブト
學　　名：*Dynastes grantii*
產　　地：美國亞利桑那、猶他州
飼育難度：★★☆☆☆
繁殖難度：★★★★☆
成蟲壽命：3 ～ 9 個月
成蟲大小：♂：33 ～ 89mm　♀：28 ～ 55mm
幼 蟲 期：10 ～ 20 個月
溫　　控：建議（適溫約攝氏 22 ～ 26 度）

## 聊聊美西白兜

在很久很久以前，我在《沉醉兜鍬》一書上看到美西白兜的介紹時，心中就大喊著：「哇靠！竟然有這麼漂亮的甲蟲！」，是的沒錯！帥氣的甲蟲一大堆！但是像美西白兜那麼有氣質的，就真的不多了。

## 白兜蟲的亞種

美西白兜也是有兄弟的，市面上常見的白兜蟲還有四種，分別是：

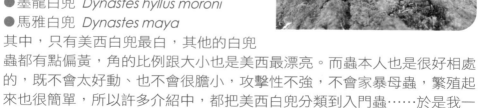

● 美東白兜 *Dynastes tityus*
● 墨西哥白兜 *Dynastes hyllus hyllus*
● 墨龍白兜 *Dynastes hyllus moroni*
● 馬雅白兜 *Dynastes maya*

其中，只有美西白兜最白，其他的白兜
蟲都有點偏黃，角的比例跟大小也是美西最漂亮。而蟲本人也是很好相處的，既不會太好動、也不會很膽小，攻擊性不強，不會家暴母蟲，繁殖起來也很簡單，所以許多介紹中，都把美西白兜分類到入門蟲……於是我一看到網路上有人在賣幼蟲，就馬上入手了一組回來養！

第一輪也順利養到羽化了，但等到了要繁殖時才發現……「欸不是！這根本不是入門蟲啊！」到底為什麼不推薦新手飼養美西白兜蟲呢？讓我們看下去……

## 成蟲飼育與交配

首先先講成蟲吧！成蟲的確是很好養，值得一提的是，剛羽化的美西白兜頭是全黑的，鞘翅會由白轉橘，橘轉黑。等到蟄伏期過後再慢慢變白並且出現斑點。然後隨著飼育環境的潮濕度，以及餵食的食物，也會慢慢影響到白兜的顏色。所以想要它白白的，就要養在偏乾的環境，並且餵食水果或淺色的果凍。

交配也沒什麼問題，跟一般兜蟲一樣，把公蟲放到母蟲身上通常就會配了。但……一切的問題會從產卵後開始……

## 產房布置與幼蟲飼育

產房的布置，大致上跟其他兜蟲沒有什麼兩樣，使用腐植土、大兜土去布置就好了。一般來說，健康的母蟲可以生個30～100顆卵。

可是！卵的孵化期快則兩個月，慢則六個月啊！也因為孵化期真的拉太長，所以不採卵的話，後面的卵很可能會被先出來的幼蟲撞壞。

但……把卵取出另外孵，又可能增加爛蛋的風險。而且就算另外孵，也一定要用藥盒之類，才能分隔每顆卵的容器。不然一不注意新孵化的幼蟲鑽進土裡，你又要陷入挖蟲與採卵的兩難了……

等到先出來的都轉L3變成肥肥雞母蟲，你卻還有一堆蛋在那邊等孵化。萬一孵了半年，卵給你黑掉或是發霉爛掉，那真的是會讓人氣到捶胸頓足、懷疑人生。

接著，卵孵化了。但美西白兜的幼蟲期也是漫長的10～20個月。幼蟲羽化所需要的時間跟「溫度」以及「食材」密切相關。

溫度高一點，羽化比較快。食物營養一點，羽化比較快。公母混養，羽化也會比較快，而且有機會一起羽化。

不溫控不容易出長角，建議還是要溫控。而且不溫控的話，先出來的母蟲跟後出來的公蟲可能會差到接近一年的時間，要累代的話根本對不上。

所以想要累代的話，不但需要技術、計畫，有時可能還需要點運氣。但如果能成功看到美麗的白兜蟲羽化，真的會很讓人感動啦　！

# 美東白兜

日文名稱：ティティウスシロカブト
學　　名：*Dynastes tityus*
產　　地：美國東部
飼育難度：★★☆☆☆
繁殖難度：★★☆☆☆

成蟲壽命：5～10個月
成蟲大小：♂：35～69mm
　　　　　♀：26～53mm
幼蟲期：8～18個月
溫　　控：不需（適溫約攝氏24～26度）

養完了美西白兜，想説美東白兜也養養看。一開始其實對於美東白兜興趣缺缺，因為其實一點都不白，顏色明明是米色的，怎麼會被叫白兜呢？

不過養了幾輪發現還蠻可愛的，比美西白兜好養很多，卵期大概40天，不會像美西白兜一樣孵蛋孵到崩潰。而且因為本來就是養不大的物種，所以養起來也沒什麼壓力，健健康康、平平安安長大就好。

美東白兜不論成蟲、幼蟲，個性都蠻溫和的，算是少數可以混養的物種（但是建議成蟲還是盡量不要混養）。另外值得一提的是，新手養美東白兜常常會感到很困惑：

「啊我的蟲養起來怎麼跟別人講的不太一樣？」

這是因為美東白兜是一種特別會適應溫度而生存的甲蟲，畢竟整個美國東邊，從北到南，從會下雪的紐約到陽光普照的佛羅里達海岸都有他的蹤跡。

養在冷一點的環境，例如攝氏20度，幼蟲期可以達到一年半，蟄伏期半年，成蟲活一年，跟養大兜差不多。但養在熱一點的環境，例如在台灣不溫控的養法，可能十個月就羽化，蟄伏期一個半月，成蟲三個月，跟獨角仙差不多。

如果想繁殖的話，最好還是提供攝氏26度以下的環境，台灣夏天對美東白兜是有點太熱，這時投產通常不是不生，就是只生幾顆。

CHECK POINT

常見的白兜蟲系列還有莫龍白兜、馬雅白兜、墨西哥白兜，這幾種飼養的方式跟長戟比較像，都不怎麼好養。我養過瑪雅白兜，頭角的齒突很像是一把小斧頭，蠻可愛的。

# 南洋大兜（Chalcosoma 屬）

## 南洋大兜、高卡薩斯大兜

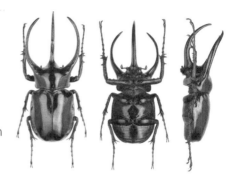

日文名稱：コーカサスオオカブト
學　　名：*Chalcosoma chiron*
產　　地：爪哇島、蘇門答臘島、馬來半島、
　　　　　東南半島
飼育難度：★★★☆☆
繁殖難度：★★☆☆☆
成蟲壽命：5～10 個月
成蟲大小：♂：50～133mm　♀：45～75mm
幼 蟲 期：♂：14～24 個月 ♀：10～18 個月
溫　　控：建議（適溫約攝氏 24～26 度）

## 聊聊南洋大兜

講完最具人氣的D屬大兜後,接著來講東南亞的人氣王南洋大兜!有別於長戟流線、洗鍊宛如騎士一般的外型,南洋大兜看起來就更像是一身肌肉拿著大斧的狂戰士。

但是!在很久以前,南洋大兜有個綽號叫「難養大兜」,帥歸帥,但大家都不知道到底要怎麼養,除了常在養幼蟲時因不明原因暴斃外,大多都是養了半天養出來都很小隻……我當年每年挑戰,每年失敗。於是求救我擅長養兜的好朋友聖翰:

「翰哥救我～南洋大兜到底怎麼養啊!?」

收到我的求救訊息後,聖翰馬上把他珍貴的心得全部傾囊相授,根本南洋專家。現在我就要把這祕密筆記也分享給你們。

# 聖翰的南洋大兜飼育筆記

◆養活不難，但是要養出有帥氣角形的成蟲頗有挑戰性。

◆夏季放置陰涼處也可飼育，但有一定程度的風險，所以這邊還是建議做好基本的溫控準備。因為南洋大兜在原產地是棲息於中海拔的山區，別以為牠們在熱帶就不用溫控了，這是很容易犯的錯誤。

◆飼育溫度建議為攝氏24～26度，超過攝氏30度死亡機率會提高，冬季時若有寒流侵襲，室溫低於攝氏15度時也有凍傷或死亡的可能，所以冬季也要注意過度的低溫。

我拿著筆記狂抄，翰哥也繼續介紹南洋大兜是亞洲最大的兜蟲，分類於Chalcosoma屬之中，這一個屬分成4個種，分別是：

● *C.chiron*
● *C.atlas*
● *C.mollenkampi*
● *C.engganensis*

最大型也是最有挑戰性的，就是本次介紹的C.chiron，簡稱CC。這邊要特別提一下，CC的種名在過去有過變更，所以有的舊資料種名會是caucasus（高卡薩斯），而現在是chiron（凱隆）。

凱隆是希臘神話中傳說中的半人馬，也是我們熟知的射手座，文武雙全，知識豐富，教出了許多英雄，例如大英雄赫克力士、阿基里斯等等優秀的學生。

而CC一共又再分出4個亞種，分別是：

● *C.c.chiron*
● *C.c.janssensi*
● *C.c.kirbii*
● *C.c.belangeri*

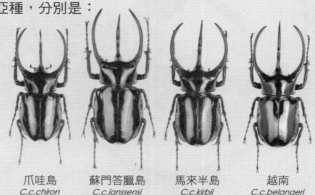

爪哇島　　　蘇門答臘島　　　馬來半島　　　越南
*C.c.chiron*　　*C.c.janssensi*　　*C.c.kirbii*　　*C.c.belangeri*

外觀雖然相近，但是體型大小有些微差距，最大的亞種是蘇門答臘產的J亞種，野生紀錄可達133mm左右（胸角尺寸），其他亞種略小於J亞種。

其中以爪哇島產的原名亞種最容易取得，不論標本流通或飼育品皆是，原因除了原產地數量多以外，牠的辨識度最高，因為幼蟲體型較小空間不用太大，飼育上也容易，新手最容易接觸到的就是原名亞種了。

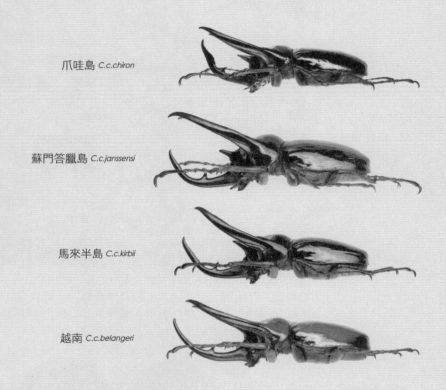

爪哇島 *C.c.chiron*

蘇門答臘島 *C.c.janssensi*

馬來半島 *C.c.kirbii*

越南 *C.c.belangeri*

## 成蟲飼育

南洋大兜脾氣很不友善，好鬥出名，即便是一對成蟲放在一起，公蟲還是有可能攻擊母蟲，所以除非必要否則不要讓兩隻成蟲待在一起。另外南洋大兜的前胸背板與小楯板交接處的縫隙有著銳利的邊，跟指甲剪一樣！若不小心把手指放到縫隙中，大兜頭一抬，可是會被牠夾到噴血的！不論公母皆是，在把玩上除了注意鉤爪以外也要小心不要被夾傷。在夏季成蟲記得放置陰涼通風處，以免受不了台灣的高溫而死亡。

## 交配繁殖

### 交配前後

交配前　交配後

南洋大兜大約進食 3 周以上就可以交配，交配一次約 10 ～ 20 分鐘，但是每次交配精子量的比例上較其他兜蟲少，每次約 0.5 克左右，甚少超過 1 克。因此以前常有南洋大兜的爛蛋率較高的說法可能就是這樣的緣故。

### 採卵

交配之後讓母蟲妥善進食，等到母蟲到處抓飼養箱的時候可能就是想要產卵了。產卵配置可以用 XL 飼養箱的大小，在箱底用顆粒較細的土並壓實約 6 ～ 8cm 以上，之後再將土補到飼養箱的 8 分滿左右並稍微壓表面放木片、木塊等攀爬物以免母蟲翻倒，再放入母蟲與果凍就可以了。

### 卵照

繁殖溫度建議為攝氏 24 ～ 26 度，太高溫或太低溫很可能不生，溫度過高時，產下的卵也可能悶壞。

放入母蟲大約 2 周左右就可以進行採卵，孵卵時同一個盒子的卵密度不宜過多，可以的話使用有小隔間的收納盒或一一分裝。

幼蟲孵化不久可能因為孵化的前後順序不同，造成幼蟲大小差異過大，最後出現同類相殘的狀況，這點請多加注意。卵的大小約在 5 ～ 7mm 之間，正常膨脹的卵會看到成型的幼蟲。

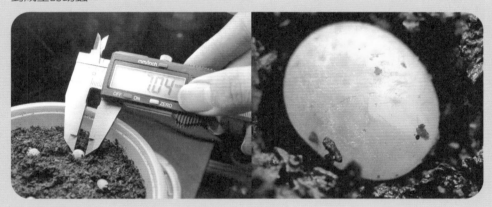

## L1 幼蟲

1齡蟲可以使用小容器飼養，容量約250ml左右的容器很適合飼育1齡幼蟲，幼蟲頭幅約在4.0～5.5mm之間，體重約2g左右，大約1個月左右就會轉齡，轉齡時記得更換到更大的容器以免餓到幼蟲影響發育。

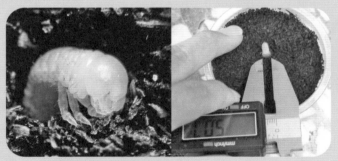

CHECK POINT

南洋大兜的幼蟲跟金龜一樣，是倒著爬的喔！

## L2 幼蟲

2齡幼蟲大致上可以分公母性別了，雖說有一定的錯誤率，但是可以稍為區分或是挑選頭的大小，讓食量大的公幼蟲先早一步放到大一點的容器飼育，公蟲可以使用1公升的容器，母蟲則用0.5公升左右的容器，此時的幼蟲頭幅約8mm～11mm之間，體重一般15～20克，最大可達25克左右大。 約1～2個月左右不論公母可能都會到3齡的階段，請記得更換更大的容器。

## L3 幼蟲

3齡的幼蟲頭幅約15～19mm以上，因為大顎發達不少，幼蟲的脾氣也跟成蟲一樣不好惹，所以在抓取時請小心應對，避開幼蟲敏感的地方抓，要是抓著肚子，幼蟲可能會捲起身體爆咬一口，咬到手指事小，要是幼蟲咬到自己，很可能會造成不小的傷口，最後導致死亡，請多加小心。
安全抓取幼蟲的方法：可以用5隻手指在幼蟲身上平均施力的抓起，或是找一小塊產木片、冰棒棍……等物品，讓幼蟲先咬著再抓取，放置安全處等幼蟲鬆口放下再拿走產木片或冰棒棍。

## 催蛹

公蟲的幼蟲可以用3～6公升的容器飼育，母蟲則使用1.5～2公升的容器，容器當然是越大越好。

3齡幼蟲在脫皮轉齡後的前4～6個月，體重會大幅度的增加，想衝大的話，這段時間要勤換土保持耗材新鮮，不然過了這一段時間，體重成長幅度就會減緩。這時幼蟲顏色會慢慢變黃。

「但不要高興得太早！！」因為南洋大兜的幼蟲體色比一般的兜蟲幼蟲更深色，就算看起來變很黃了，也不代表已經要化蛹了。

一直到3齡的第10～12個月左右時，幼蟲即將做蛹室，幼蟲可能會開始上下鑽動，尋找做蛹室的好地方。這也就是玩家們俗稱的「暴走」，不管牠的話，體重有很高機率大幅下降，最後羽化出差強人意的中小型個體。

我的做法是開始添加顆粒較粗的產木屑，比例約整體耗材使用量的一半，此時的土需要比平常壓的更緊實，大約壓緊容器的9分滿，因為要裝滿土，所以容器會用整理箱，裝到9分滿壓實之後，挖一個洞放入幼蟲再把鬆的土填滿後蓋上。

幼蟲在製作蛹室時的力氣是相當的大，可以把整理箱的蓋子擠到變形，有的飼育者會在箱子上再放重物壓著，避免因為容器變形讓土變鬆弛。

## 蛹室前蛹

發現容器旁出現剛做好的
蛹室之後，大約3～4周幼
蟲會進入前蛹的狀態，再
等3～4周就會化蛹，如果
發現蛹室做的位置或大小
有問題時，請等幼蟲進入
前蛹的狀態之後再取出，
可以到甲蟲店請專業的店
員評估與挖出。

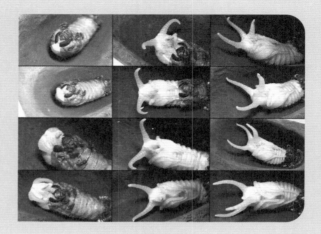

## 羽化

大約化蛹後1個月半到3個
月，蛹就會羽化。這一段時
間的長短依溫度與個體大小
而定，低溫的情況下蛹期可
能達到3個月，低於攝氏15
度有可能死亡，所以冬季寒
流來時不論是蛹或幼蟲都要
記得保溫，但也不可過度高
溫，以免蛹承受不住直接死
亡。
羽化從掙脫蛹皮到完全退下
蛹皮約1小時，經過6～7小
時的時間才會將內翅收回，
這一段時間請減少飼育箱或
人工蛹室的晃動，一不注意
的話可能會傷到蟲的翅膀。

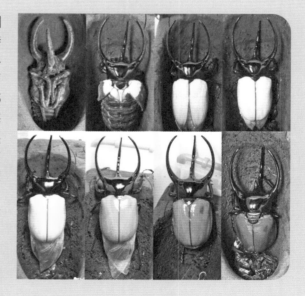

羽化依序是：

**翻身 ➡ 脫皮 ➡ 鞘翅充血 ➡ 內翅充血 ➡ 內翅平行 ➡ 內翅交疊 ➡ 收翅 ➡ 結束**

## 蟄伏期

羽化後約2至3周左右身體就比較堅硬了，可以將成蟲放至小一點的容器，裝滿適量的水苔後放入成蟲讓牠休息，並在上面鋪一張衛生紙。等2個月左右，成蟲醒來會為了找食物到處亂爬，衛生紙就會被抓爛，所以看到衛生紙被抓爛時，便可嘗試餵食果凍了。母蟲蟄伏期比較短，約為1個月至2個月。

蟄伏時間也與溫度及個體大小有關，我養過的越南產個體，蟄伏期長達半年，提高溫度也沒甚麼變化，可能本身該亞種就是長時間蟄伏的。

「以上就是我養南洋大兜的方法」
「好！謝謝翰哥，我明白了！」

在得到翰哥的經驗後，我隔年就如願以償的養出長角型的CC了！希望大家也都能養出又大隻又帥氣的南洋大兜！

CHECK POINT

如果真的要做一個懶人包，除了「不要太熱、不要混養、不要過度打擾」這些基本功以外。

以前的年代，大家會養不出大型個體，主要是因為沒有破解南洋在野外的兩個習性。

第一是南洋的習性喜歡啃食生木頭，甚至會直接鑽到木頭裡吃，所以以前才會有丟產木的飼養法，所幸現在已經很多廠商都有推出南洋專用的木屑，所以也不一定要丟產木才能養大。

第二點也是因為南洋幼蟲會鑽到木頭裡，但羽化後的大兜沒有大顎可以破壞木頭，無法自行爬出樹幹。所以在做蛹室前，幼蟲必須會找好退路，確保自己羽化後有辦法脫困，如果沒找到這個理想的環境，幼蟲就會一直找一直找，而破解的方式，就是在食材中混入異物，例如翰哥用粗的產木屑，或是很多人會用陽明山土、黃土這類砂土，讓幼蟲覺得自己已經離開木頭了，就會老老實實的做蛹室，減少體力浪費，最後才會羽化成一隻帥氣的南洋大兜。

## 亞特拉斯大兜

日文名稱：アトラスオオカブト
學　　名：*Chalcosoma atlas*
產　　地：蘇拉威西、菲律賓、
　　　　　馬來半島、緬甸、
　　　　　泰國等東南亞地區

飼育難度：★★☆☆☆
繁殖難度：★★☆☆☆
成蟲壽命：5～10個月
成蟲大小：♂：38～110mm　♀：36～70mm
幼蟲期：♂：10～16個月　♀：8～14個月
溫　　控：不需（適溫約攝氏24～28度）

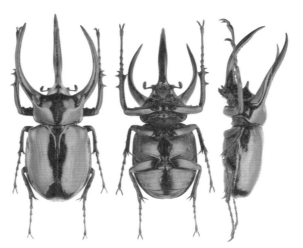

## 聊聊亞特拉斯大兜

現在介紹的也是南洋大兜，在蟲界常常會稱呼他CA，A是Atlas，名字取自於希臘神話扛著天空的大力神亞特拉斯，所以也叫亞特拉斯大兜。

CA就像是小一號的CC，頭角沒有角突，但一樣都是有綠色金屬光澤的美麗大兜蟲。

我當初就是因為養CC得不到溫暖，怎麼養都養不大，而聽說CA比較好養，就也順便養了CA。

短角形的個體。

雖然小隻一點，但比例一樣帥氣，幼蟲期也短一點，對溫度忍受度高一點，養出長角的機率也高一點，我當時就先入手了一對小隻的，我個人特別推薦來自馬來半島的CAK亞種（*Chalcosoma atlas keyboh*），他又是CA中再小一號的家族成員，最大不過10cm，但是好養，幼蟲期最短，甚至10個月就羽化了，跟獨角仙差不多，就算沒溫控也有機會出長牙！是對新手最友善的南洋大兜！

CA 的母蟲背比較多毛，比較粗糙。

## 莫連坎普大兜

日文名稱：モーレンカンプオオカブト、ボルネオ
　　　　　オオカブト
學　　名：*Chalcosoma moellenkanpi*
產　　地：印度、婆羅洲（加里曼丹島）等
飼育難度：★★★☆☆
繁殖難度：★★☆☆☆
成蟲壽命：6～12 個月
成蟲大小：♂：50～106mm　♀：45～60mm
幼蟲期：♂：12～26 個月 ♀：10～20 個月
溫　　控：建議（適溫約攝氏 22～26 度）

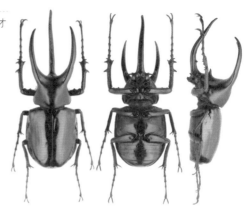

## 聊聊莫連坎普大兜

莫連坎普是南洋大兜中比較冷門的物種，又稱婆羅洲南洋大兜或簡稱成
CM。他的胸角不但不怎麼彎曲，外觀上跟其他的兄弟很不一樣，因為兩
支胸角沒什麼弧度，是直直往前長，所以視覺上，CM特別修長。

另外比起CC跟CA明顯的青綠色光澤，莫連坎普比較偏紅，養起來跟CC
比較接近，但是因為CM的原產地在更高海拔的山上，所以更怕熱，適合
更低的溫度，幼蟲期也會長一點。

雖然我們常說南洋大兜三劍客，但其實南洋還有一種非常少見，在市
場上幾乎沒有流通的（*Chalcosoma engganensis*）兜，體型也是最小
的，目前記錄只到6cm左右。

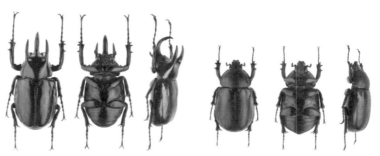

# 姬兜蟲（Xylotrupes 屬）

日文名稱：ヒメカブトムシ、ギデオンカブト
學　　名：*Xylotrupes gideon*
產　　地：蘭嶼、綠島、東南亞
飼育難度：★☆☆☆☆
繁殖難度：★★☆☆☆
成蟲壽命：2～6個月
成蟲大小：♂ 30～64mm ♀ 25～45mm
幼 蟲 期：6～10個月
溫　　控：不需

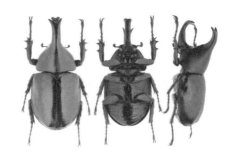

## 聊聊姬兜蟲

講完了一堆大傢伙，現在來聊聊可愛的姬兜蟲吧！姬兜是比較小型的一種兜蟲，「姬」是日文的「公主」，通常名字有姬的都是比較小型的甲蟲。

姬兜有超級無敵龐大的家族，在2007年就分超過40個亞種了！

好，回來台灣！台灣國產的姬兜蟲有三種。蘭嶼有！綠島也有！最近在金門的大膽、二膽島也有採集的紀錄！

蘭嶼跟綠島的被視為是同一亞種；金門的因為是軍事禁地，所以採集相當困難，不過目前看起來應該算是中國福建的亞種⋯⋯不過不管怎麼分，姬兜的養法都差不多。

姬兜蟲強健好養，在甲蟲界中頗受歡迎，雖然體型較小，但是也因此更顯得可愛，飼養時不用一昧的追大，小一點也可以很有型。

某些亞種（例如佛羅倫斯姬兜）有著比例上不輸給大兜蟲的長角，幾乎所有的亞種都很愛打架，一生氣就會高舉前腳，利用鞘翅摩擦發出「嘰！嘰！」的聲音。

姬兜蟲非常好鬥，加上胸角與頭角的外型，讓它們打架是會出蟲命的，請飼育家們千萬要注意！

## 成蟲飼育

我蘭嶼姬兜蟲跟綠島姬兜蟲都養過，不過我實在分不出外型上到底有哪邊不同。在分類上，最舊的分類寫法是直接用 *X. gideon* 稱之，也有人分成菲律賓亞種 *X. philippinensis peregrinus*。

這篇的照片都是蘭嶼姬兜，圖中這隻是50mm的公蟲。台灣產的姬兜蟲大部分鞘翅會比較紅，整體看起來會是有兩個顏色的蟲（不過就跟獨角仙一樣，偏黑的個體也不罕見）。

因為蘭嶼很熱，所以姬兜非常耐熱，飼養上照著獨角仙的養法就好。姬兜蟲母蟲跟獨角仙母蟲外型差很多，所以不用怕搞混分不出來。除了姬兜體型明顯小一號以外，姬兜毛比較少、鞘翅較為光滑，最大的差別是獨角仙母蟲頭上會有個小突起，姬兜母蟲沒有。）

## 交配與繁殖

直接把公蟲丟到母蟲身上，有時候會成功、有時候會打架，建議可以先把公母放在同一個果凍台的兩側，讓它們吃果凍的時候談自由戀愛。

若是不想生太多，可以用小一點的容器佈置產房，我之前用了2200圓桶配基礎兜土，一般的濕度，配上15公分以上的深度，兩周採一次卵。最後生了近50顆，孵化30幾顆。

2017年有次直接用XL箱丟著不管，生了兩個月，放到母蟲都掛了才挖，最後取得了差不多80隻的幼蟲，可見箱子大小是很重要的。

如果想讓姬兜多生一點，務必準備大一點的容器，營養充足的母蟲據說生個100～150顆不是什麼難事。

## 幼蟲飼育

姬兜的幼蟲也是好養出名的。食性很廣，很多人都是養來清廢土、廢木屑跟廢菌，甚至也可以丟產木塊下去給他們啃。

只要這些舊耗材的狀況不要太誇張差，大部分也能順利羽化出長角型的成蟲，算是很經濟實惠的阿蟲！

雖然成蟲很兇，但幼蟲卻蠻溫和的，能混養、有群居性，特徵是全身都是毛，所以抓出來的時候身上常常會卡一堆土。不過太小的空間還是會打架，如果想要養出大姬兜，還是讓他們各自一蟲一間的住套房吧！

很多其他國家的姬兜，他們的家鄉本身無明顯四季變化，在台灣又常被養在溫控冰箱，導致現在一年四季都可能有姬兜出現。而台灣的姬兜季節性倒是很明顯 ，差不多就是4～5月化蛹，5～8月成蟲、9～10月全部一起打卡下班。

蛹室有的會跟獨角仙一樣作直立的，不過比較大一點的個體會做得像大兜一樣有一點斜度，大約20～30度的橫躺式蛹室。

如果季節跟地點正確，姬兜在蘭嶼跟綠島還算是挺多的，不過如果到離島玩，也請不要瘋狂放肆的捕捉他們，而且本島並沒有產姬兜，所以在台灣飼養的時候要小心不要讓他們跑掉、也不要把姬兜抓去放生嘿！

除了台灣產的蘭嶼姬兜跟綠島姬兜以外，還有很多形形色色的姬兜，其中大受歡迎的佛羅倫斯姬兜蟲（*Xylotrupes florensis*）就有很多飼育家特別喜歡，因為它不但是最大隻的姬兜，身體看起來又紅又亮，不論胸角、頭角的比例也都又長又帥，絲毫不輸其他大兜。尺寸甚至會超過86mm。

飼養上，可當作一般的獨角仙跟姬兜蟲飼養，不過佛羅倫斯姬兜蟲的幼蟲期較長一點點，大概需要10～12個月，比一般姬兜多兩個月，如果不混養、給予大空間、不用腐植土而是使用高度發酵木屑，配上攝氏26度以下的溫控飼養，才容易養出長角型的大姬兜喔。

但如果混養又沒有好好照顧的話，一不小心就會養出像下圖一樣的短角小姬兜：

此圖為有被好好照顧的大型個體。

# 象兜蟲（Megasoma 屬）

來自南美洲的Megasoma屬大兜蟲，綽號為象兜蟲，Megasoma就是超大身體的意思，而M屬大兜蟲如其名，許多都是重量級的大傢伙！是全世界最重的甲蟲！

## 戰神大兜

日文名稱：マルスゾウカブト
學　　名：*Megasoma mars*
產　　地：祕魯、巴西、亞馬遜河流域等
　　　　　中南美洲地區
飼育難度：★☆☆☆☆
繁殖難度：★★☆☆☆
成蟲壽命：3～5 個月
成蟲大小：♂ 60～134mm
　　　　　♀ 55～90mm
幼 蟲 期：18～36 個月、15～30 個月
溫　　控：不需

## 聊聊戰神大兜

講到M屬，看板蟲應該就是戰神大兜了！

用長度來分勝負的話，戰神是M屬最大隻的一隻蟲，個性溫和穩重，但因為M屬的前腳為了可以抓穩母蟲跟樹幹，演化出特別長的跗節，上面還有尖利的刺，還有超長的前爪，如果讓戰神在手上爬來爬去的話，手上很容易出現一堆滲血的小傷口。強烈建議要把玩的時候找根木頭，以免弄得自己遍體鱗傷。

## 成蟲飼育

M屬多半不怕熱、不怕冷，適應力很好，只要保持通風就很好養，壽命不算長，大約就是1季到半年。但是！M屬的大兜很會吃，一天吃兩顆果凍完全沒有問題，還需要很大的空間、夠粗的攀抓物與躲藏處，如果環境不對，M屬的前爪特別容易斷，這幾點請飼育家們要特別注意。

## 幼蟲飼育

講到幼蟲，這就是M屬最麻煩的地方了……M屬的幼蟲期很長，一般來說都至少要一年半，加上卵期跟蛹期，花上個兩年都是稀疏平常，有的蟲種甚至要三～四年以上。

好在是幼蟲適應力超強，不怕冷、不怕熱，可以混養又不挑食，隨便餵隨便大，就算養不大，比例也一樣好看，所以很多飼育家會拿其他兜、鍬吃剩的廢土、廢木屑跟廢菌，篩一篩後就丟給M屬的幼蟲吃，作為廢土終結者，相當好用！

M屬幼蟲肯定是養起來最有成就感的幼蟲，每次換土都會肥一圈，幼蟲養一養就會像灌米腸一樣，隨隨便便就超過100g，非常有份量。

M屬大兜的頭角在蛹期都是彎的，羽化時才會充血伸直。

因為幼蟲期長，而且公母幼蟲期不一樣，所以M屬很容易發生母蟲提前羽化，但等不到公蟲羽化就先老死的悲劇。如果想要累代，就得提前在飼育上作好調整，拉近公母的羽化時間。

## 帕切克氏小兜（小戰神）

日文名稱：パチェコヒメゾウカブト
學　　名：*Megasoma pachecoi*
產　　地：墨西哥、中美洲區
飼育難度：★★☆☆☆
繁殖難度：★★☆☆☆
成蟲壽命：2～5個月
成蟲大小：♂ 29～61mm　♀ 28～45mm
幼 蟲 期：8～10個月
溫　　控：不需（適溫約攝氏24～28度）

## 聊聊小戰神

介紹完戰神，我們現在來介紹M屬很
特別的一隻甲蟲，也就是小戰神。

小戰神其實是他的綽號。因為這種兜
長得很像戰神大兜，只是小了一號，
所以被叫做「小戰神」，它比較正式
的名字是「帕切克氏象兜」。

雖然它是Megasoma屬家族的一
員，但體型一點都不MEGA。原產地
在墨西哥北部，跟台灣的氣候蠻像的，所以很適合在台灣飼養。

不過我當時在屏東養得不是很順利，看
來屏東還是比墨西哥還熱吧？所以就算
很多人都說不用溫控，但我還是建議想
辦法降溫養吧！

除了溫控以外，記得保持環境的通風。
台灣跟墨西哥溫度雖然差不多……但濕
度差得可多了！飼育家們不可不慎！

另外，小戰神算是M屬中少見一年一代
的品種。養起來跟獨角仙差不多，如果
想入門M屬，卻又不想要體驗M屬幼蟲
養到天荒地老的感覺，小戰神是很不錯
的選擇喔！

## 交配與繁殖

小戰神的交配很簡單，跟大部分的兜蟲一樣，只要把公蟲放在母蟲身上就會交配。成蟲雖然開始大吃就開始交配，不過要是母蟲成熟一點的話卵的數量與孵化率都會高一點。建議先放個一月以上再配吧！

雖然幼蟲什麼土都吃。但母蟲產卵比較挑。我用廢土投產一次，摃龜……之後改用紅包土雖然順利投產，但也生不多……最後用更大的XL箱，把本來的紅包土再混一半基礎土，才生的比較順利。

而且挖出來的爛蛋率很高，一半以上都爛光了，最後收到差不多20隻幼蟲（健康的母蟲聽說可以生50～100顆卵）。

## 幼蟲飼育

小戰神跟其他M屬幼蟲不挑食。廢土、廢木屑或是廢菌都吃。

我這一批都是用長戟跟南洋吃剩的廢土篩一篩就拿來餵，有時候還會把鍬吃剩的廢菌揉碎拿來加菜。但如果用了廢菌，一定要注意會不會害環境變太濕（或太多雜蟲）同時萬一廢菌又開始走菌，增加的氣體跟溫度都有可能搞死幼蟲。

另外，M屬可以混養，但注意空間不要太小，建議一隻至少要有2L的空間。幼蟲孵化後差不多8～10個月開始作蛹室，蛹室是橫的。公蟲母蟲的幼蟲期時間差不多（但也可能因為是混養所以才一起化蛹）。

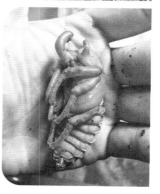

沒溫控，又在七月左右投產的話，隔年約會在五月左右羽化成蟲，跟獨角仙的蟲季差不多，壽命也差不多。

要是你沒養過戰神的話，就先養小戰神吧！快、便宜、吃得少、也比較好養！更重要的是，先養過小戰神，以後再養戰神就會有一種：「哇！我的戰神超大隻的啦！」的錯覺。

## 亞克提恩象兜

日文名稱：アクタエオンゾウ
學　　名：*Megasoma actaeon*
產　　地：南美洲、哥倫比亞、厄瓜多、秘魯、
　　　　　巴西等南美洲地區
飼育難度：★★☆☆☆
繁殖難度：★★★☆☆
成蟲壽命：3～6個月
成蟲大小：♂ 50～133mm　♀ 50～82mm
幼　蟲　期：♂ 32～48個月　♀ 24～36個月
溫　　控：不需

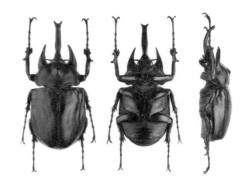

### 聊聊亞克提恩

除了戰神，M屬一定要提到的就是亞克提恩。

亞克提恩是全世界最重的甲蟲，非常有份量，跟戰神比起來，兩根胸角特別的粗，而且是霧面消光黑的配色，抓在手上就像握著一顆手榴彈一樣，非常厚實。但是亞克提恩有著非～常～長的幼蟲期。一般來説都要接近四年。最短也要三年，最長聽説有六年的，是養起來非常煎熬的一隻蟲。

但儘管花了這麼久的時間羽化，成蟲壽命也一樣只有3個月左右，養得好最多也差不多半年，只看這點是CP值很低的一種甲蟲。

而且因為母蟲常常比公蟲提早超過半年羽化，如果不特別用溫度、食材等方式控制羽化時間，或是跟人合作的話，基本上同一批公母是

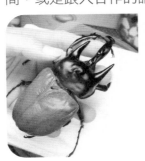

沒辦法配對的，要自己一個人累代是非常艱難的任務。不過只要配對成功，健康的母蟲可以產下100～200顆卵，也許多產就是亞克提恩的生存戰略吧。

亞克提恩近年來被重新分類成三種不同種的蟲了，以前大家熟悉的亞克提恩，現在被叫做雷克斯大兜（*Megasoma rex*），產地為秘魯、厄瓜多、哥倫比亞、玻利維亞與巴西等等偏南美洲西部的區域。

而沿用原名亞克提恩的，則是委內瑞拉、圭亞那、巴西與亞馬遜這些偏東部的地區。而另一隻瓦茲德梅洛氏大兜（*Megasoma vazdemelloi*）則是巴西中部的馬托格羅索州特有，特徵是鞘翅較為光滑。

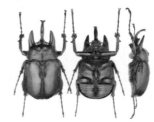

## 毛象大兜

日文名稱：エレファスゾウカブト
學　　名：*Megasoma elephas*
產　　地：墨西哥、瓜地馬拉、宏都拉斯、巴拿馬等中美洲地區
飼育難度：★☆☆☆☆
繁殖難度：★☆☆☆☆
成蟲壽命：3～6個月
成蟲大小：♂ 50～131mm
　　　　　♀ 50～75mm
幼 蟲 期：14～26個月
溫　　控：不需（適溫約攝氏24～28度）

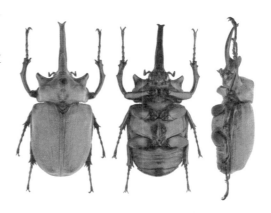

## 聊聊毛象大兜

如果在台灣的M屬大兜蟲舉辦一場人氣投票，那毛象大兜應該能脫穎而出！全身都是毛就是毛象大兜的特色，遠遠看就像一顆奇異果似的，非常有特色。

毛象不但有著M屬的重量級質感，幼蟲期相較之下也不長，大概一年半左右，通常不到兩年就出來了，這也是毛象為什麼會有高人氣的原因，而且它的配色、胸角與頭角的形狀，看起來還真的跟大象有點神似，很有型。

母蟲也一樣會比較早羽化，但毛象的公母幼蟲期差距較小，是比較能在自然養的情況下讓公母配對成功的蟲。

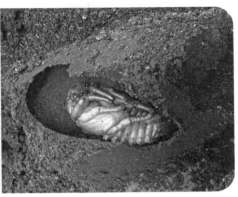

其實M屬要不是幼蟲期這麼長，真的是非常適合新手飼養的蟲，好生、好養又不挑食，也不用溫控，如果覺得亞克提恩等M屬的幼蟲期真的太長，小戰神又嫌太小，不如就先從毛象開始養起吧！

CHECK POINT

毛象的體毛會隨著活動時間不斷地被磨損，等到快到壽命的盡頭時，大部分的毛都會被磨光，所以如果想要用標本型態保留毛象生前最帥氣的模樣，就必須狠下心來，在毛沒掉光之前就先用冰箱安樂死……

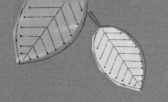

# 世界的
## 鍬形蟲！

安達祐實大鍬形蟲
*Dorcus antaeus*

# 聊聊世界鍬形蟲

講完了兜蟲，接下來進入黑蟲倉庫真正最擅長的領域啦！比起兜蟲，我其實更喜歡鍬形蟲一點。

其中，最喜歡的就是俗稱「黑蟲」的大鍬形蟲了！尤其是日本大鍬，帥氣的外型加上沉著的個性，深得我心！是我最喜歡的甲蟲，也是黑蟲倉庫的看板蟲（這邊解釋一下，為什麼是日本大鍬而不是台灣大鍬，因為台灣大鍬是保育類不能飼養，所以只好移情別戀改養日本大鍬了）！

鍬形蟲跟兜蟲比起來，食量比較小，需要的空間也比較小，也因為鉤爪較沒有那麼銳利，在手上把玩也比較不會刺傷人（但可能有被大顎爆咬一頓的風險），但我覺得最大的優點，應該還是壽命吧！你看看，長戟大兜蟲幼蟲要養兩年才會養到成蟲，成蟲卻活不到半年。相反的，大鍬形蟲幼蟲養到羽化大概十個月，成蟲卻能活個兩年以上，實在太划算了！

而且不同種的鍬形蟲，不論是顏色、大顎還是習性都截然不同，就算是同一個物種，也會因為大小有著不一樣的牙型變化，飼育起來充滿新鮮感、也充滿挑戰性！接下來的章節我們就先從最受歡迎的大鍬形蟲開始介紹吧！

當然，也不是所有鍬形蟲都那麼長壽。除了大鍬屬（Dorcus）以外的鍬形蟲，多半壽命頂多半年左右。

# 大鍬形蟲（Dorcus 屬）

## 日本大鍬形蟲

日文名稱：ビノデュロサスオオクワガタ、オオ
學　　名：*Dorcus hopei binodulosus*
產　　地：日本
飼育難度：★☆☆☆☆
繁殖難度：★★☆☆☆
成蟲壽命：2～3 年
成蟲大小：♂：20～92mm
　　　　　♀：20～61mm
幼 蟲 期：6～12 個月
溫　　控：非必需

## 聊聊日大

日本大鍬形蟲，簡稱日大，日本人有時候會直接叫「オオ」（發音：喔喔），日大是黑蟲的代表，也是最受歡迎的蟲種之一（畢竟他跟獨角仙可說是帶起養甲蟲風氣的蟲嘛）。

飼養方式也非常簡單，日大可以不論是高溫或是低溫都扛得住，從下雪的日本到超熱的屏東都可以活得好好的，而且隨便養都可以活個2～3年，顧得好甚至可以活到4年。

不過壽命這麼長的原因，很可能是因為日大就是隻懶蟲，只要氣溫一低，常常就鑽進木屑裡冬眠，直到溫度回暖才爬出來，甚至太熱也一樣會休眠，養了一隻蟲卻有近一半時間可能看不到蟲影，這點對養蟲人來說真不知是好是壞？

同時，日大的個性非常溫馴，鮮少咬人，鉤爪也不利，相當適合抓在手上玩！就算被咬也不會太痛（不過有些個體很愛裝死就是了）。

## 日大繁殖與產房布置

繁殖日大不會很困難，倒是季節很重要，一般來說，只有春秋兩季會生（夏天看心情，冬天大部分都在睡）。

要繁殖就先從交配開始吧！日大成熟期很短，大概進食後兩個月就可繁殖了，不過個性害羞加上交配時間短暫（大概30秒～2分鐘），所以要看到他們交配很不容易。

還好，日大對母蟲很溫柔，所以可以直接把公蟲母蟲丟一箱養一個禮拜……不過溫柔歸溫柔，家暴致死的例子還是有的，所以記得空間要夠大，先丟公蟲進去，等公蟲冷靜後再丟母蟲，也要準備些樹皮、水苔來給母蟲躲藏。

一般而言，看到公蟲跟母蟲感情很好的在一起吃果凍就是配對成功了。

日本大鍬形蟲的產房布置方法如下：產卵木頭選偏硬的、環境要偏乾，因為母蟲不會把卵生在木屑，所以木屑的種類隨便都好，只要不要有雜蟲，又能固定住產木的位置就OK了。我之前有用過大桶礦泉水的空罐來DIY產房，像是右圖這樣。

但是之後發現寶特瓶實在不夠堅固，母蟲只要有心，半個晚上就能挖出一個洞，所以建議還是用普通的飼養箱來養吧！

母蟲會在產木表面咬小洞然後轉身產卵，或甚至直接挖一條隧道進去大生特生一番。

如果用直徑10公分、長度15公分的產木去生兩個月的話，通常會有10～20隻的成績。產木大一點，甚至可以30～40隻也不是問題。

日大的卵期比較難抓，2禮拜到2個月的孵化時間都有可能。然後投產期間，記得一定要有足夠的食物，把母蟲餵飽，若是放了兩個月也應該趕快移出母蟲，不然日大母蟲很愛吃幼蟲的。

如果想提前開挖……雖說蛋孵化率不錯，但是硬產木會很難剝，剝的時候容易傷到幼蟲，所以建議等移出母蟲後一到兩個月再開挖吧！屆時木頭已被幼蟲蛀出一條一條的隧道，整根產木會好剝很多，幼蟲也因為有食痕會更好找，也不用擔心孵蛋很麻煩的問題。

母蟲生完後，有些人會直接投第二輪，但我習慣讓母蟲休息一個暑假，等秋天再繼續生第二輪。根據我自己的經驗，兩種方法收到的幼蟲總數其實差不多。

## 幼蟲飼養

食材方面，日大的幼蟲喜歡較偏生的木屑，例如輕度發酵的木屑。食材要是太腐了，甚至已經到「腐植土」程度，日大幼蟲會提前化蛹成超小成蟲。

也因為這個食性，所以日大也許是最適合用菌瓶飼養的蟲，只要用了菌，不但羽化速度會大幅加快，也能輕輕鬆鬆養出大型個體！市面常見的不論是鮑魚菇、袖珍菇還是雲芝菌日大都可以吃。

CHECK POINT

菌瓶雖然好用，但在台灣一定要溫控才能使用，因為菌瓶中溫度會比較高，在台灣的夏天幾乎是100%會把蟲熱死。

## 換瓶的時機

日大食量不多，愛吃新鮮菌瓶。從木頭挖出來時大概是L1或L2，這時如果想節省一點成本，可以先吃個一杯250cc的菌杯吃一個月～兩個月。

接著就可以直接換到整罐的菌瓶讓他慢慢吃了！一個新鮮的菌瓶沒意外的話，可以吃三個月。公蟲吃三個月後再換一瓶，就可以吃到化蛹；母蟲則可能菌杯跟菌瓶各一個就夠了。不過如果想衝大的話，就不要在食材上節省，兩個月就可以換一次，菌的狀況惡化也要馬上換新的（像是縮水、變黑、長蟲、出黃水）

入冬時，如果沒有溫控，幼蟲有很大的機率會搶越冬直接化蛹。例如下圖這隻是熊本日大，因為搶越冬的關係所以連第一瓶都沒吃完，最後成蟲的尺寸是50mm。

## 成蟲體型差別

成蟲的大小會影響到牙型，所以外表看起來會差很多，若是在2～4公分的話，公蟲會長得很像大隻的母蟲，鞘翅的縱向刻點也會非常明顯。

如果超過40mm的話，齒突長在中間，並朝內長，鞘翅刻點較不明顯。

而成蟲要是超過60mm，就算是大型的個體，齒突會開始往斜前方、往上長，少數個體還會有「疊牙」的情況，而鞘翅上的刻點只剩下翅膀邊緣看的到一些。

66mm 的大型個體。

54mm 的中型個體。

39mm 的小型個體。

CHECK POINT

如果同時有養中國大鍬的話，管理一定要做好，不然兩個亞種長的超像，母蟲則是幾乎一模一樣。而目前所有的辨認法都不見得100%準確，像是這右圖是阿古谷日大和北峰中大的合照。
左邊是日大、右邊是中大？如何？分得出來嗎？

## 中國大鍬形蟲

日文名稱：ホペイオオクワガタ、ホペイ
學　　名：*Dorcus hopei hopei*
產　　地：中國
飼育難度：★☆☆☆☆
繁殖難度：★★☆☆☆
成蟲壽命：2～3 年
成蟲大小：♂：22～83mm
　　　　　♀：22～55mm
幼 蟲 期：4～14 個月（一般約 8 個月）
溫　　控：非必需

## 聊聊中大

講完日大，接著聊中大，也就
是中國大鍬。中大顧名思義是
中國產的大鍬形蟲，最南到海
南島，最北則是延伸到北韓。
體型是越往北越小，越往南越
大、牙越粗、牙型越多。日本
也算是蠻有人氣的帥氣黑蟲。

CHECK POINT

如果把中大抓出來玩，會發現
成蟲會把牙張的大大的，六隻
腳縮起來裝死，等到覺得沒有
那麼危險了，才開始逃跑，所
以把玩的時候蠻無趣的，不是
都不動，就是一直跑，然後一
直從手上掉下去。

好，把鏡頭拉回台灣。由於中國的氣候跟台灣是比較接近的，經濟上的往來也比較密切（比較好進口）所以在台灣，中大跟日大的人氣是不分軒輊的。

中大在飼育方面跟日大沒什麼兩樣，都很容易，不怕熱也不怕冷。公蟲害羞又和善，大部分的情況下不夾人也不夾母蟲，繁殖起來非常簡單，幼蟲如果用木屑，不用溫控也能養大，是大鍬中很好的入門蟲喔！

公蟲的齒型會因大小有所不一樣，例如這隻是 45mm。

而這隻是大型 70mm 的北峰中大。

## 中國大鍬的繁殖與交配

因為是害羞的蟲蟲，我們很難看到中大交配，不過好在公蟲大多對母蟲很友善，所以只要等公母過了蟄伏期後，把成熟公母丟在一起一個禮拜，通常兩蟲就能順利結為連理了！

值得一提的是，中大的季節性很強，只有春天與秋天兩個季節適合投產，天氣不夠熱、或是太熱的情況，中大很容易就是躲到木屑裡就大睡特睡一番，有的母蟲還會把木頭鑽出一個套房後在裡面呼呼大睡，讓你看到滿地木屑就以為有喜了，奮力拆掉產木後才發現摃龜……

## 中國大鍬產房布置

產房產房配置法很單純。使用稍乾一點的木屑，因為不生木屑，所以不用特別挑選木屑，能保持濕度、固定住產木就好。產木請選擇「普通」到「稍硬一點」的木頭，太軟的話母蟲會鑽的爛爛的後嫌棄木頭太小而不生，或是因為很軟就把木頭鑽爆拿幼蟲進補。

投產個兩個月大概會有20隻左右的產量，產木夠大的話有機會可以拚30隻以上。

箱子太小、產木太小以及純木屑環境不會下蛋，可以不用嘗試。

## 幼蟲飼育

幼蟲期不長，食量也不大，一般來說是吃個6～8個月就開始作蛹室。但只要幼蟲到了L3，一入冬遇到寒流還是有可能會突然化蛹給你看……甚至有才出生3個月就趕進度做蛹室，最後變成3公分超小公蟲的例子。

如果能順利越冬，那就會在入春的時候，也就是3月～5月這時候化蛹，總共大概只會吃掉2罐菌瓶，了不起3罐。

像這隻就是 4 個月就做蛹室的小個體，出來後約45mm。

以台灣的氣候來看，可以考慮在8月投產，10月取出幼蟲後入菌，利用菌瓶中的溫差讓幼蟲度過又溫暖又營養的冬天。1月挖看看有沒有提前羽化，沒有的話再換一罐讓他吃到4月，4月還沒化蛹就移入木屑催蛹吧（雖說5月還沒有很熱，但是有些地區還是會到攝氏30度，再加上菌瓶的溫度就可能對幼蟲有危險了）！

這種方法可以讓幼蟲在冬天來的時候比較不會搶越冬，又能在無溫控設備的情況讓幼蟲在黃金成長期能吃到菌。

當然，如果有溫控設備就不用日期算半天了，直接丟進菌瓶讓他大吃特吃吧！

## 羽化

這是2016年養出來的中大羽化照片，大家可以看看從前蛹到羽化的變化！

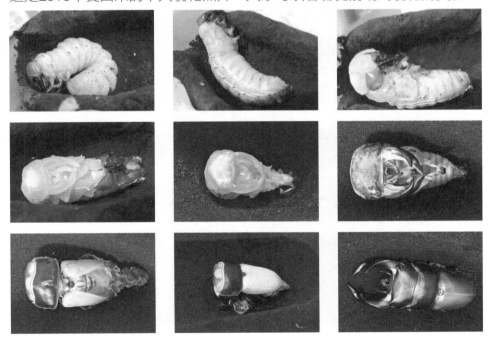

## 挑戰大蟲

中大要養大並不難。基本上只要有溫度控制配上菌，要養出長角型的一點都不難（大約60mm以上就會是長角型了）。至於如果想挑戰極限個體的話，就得讓幼蟲越快入菌越好，最好一從產木挖出後就直接入菌瓶，並且在盡量不打擾的讓他吃滿一瓶（約2個月），2個月後換菌的時候就可以看出哪隻幼蟲有潛力了。

順帶一提，中大幼蟲跟大部分的大鍬幼蟲一樣，入了菌的幼蟲很喜歡挖一個房間在裡面慢慢吃，這叫作「居食」，有這種行為的幼蟲有高機率會長得更大隻。雖然飼育家如果從外側看不到食痕會很擔心，不過擔心是沒有用的啦，反正活的死不了，死的活不了，就放寬心，忘了他，遺忘飼養法是最容易出大蟲的飼養法！

## 彎角大鍬形蟲

日文名稱：クルビデンスオオクワガタ
學　　名：*Dorcus curvidens curvidens*
產　　地：印度、不丹、泰國、馬來半島、
　　　　　中南半島
飼育難度：★☆☆☆☆
繁殖難度：★★☆☆☆
成蟲壽命：2 年～3 年
成蟲大小：♂：26～85mm
　　　　　♀：25～44mm
幼　蟲　期：4～12 個月
溫　　控：非必需

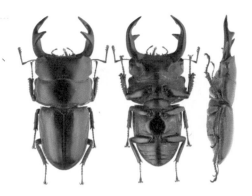

## 聊聊彎角大鍬

接著咱們來聊聊彎角大鍬吧！彎角大鍬，顧名思義是角彎彎的大鍬，學名縮寫是DCC，所以大家都叫它彎角或是DCC。

整體而言，DCC大顎較沒弧度，直到末端才有明顯角度，所以視覺上會有較細、較直的感覺。齒突的位置會隨著體型改變，越大隻就越向前。

DCC不管從上面還從側面看，都可以明顯看出與其他大鍬不同之處，所以只要仔細一點看，就不會跟中大、日大搞混。

72mm 的大型個體，齒突明顯向前。（產地不丹）

50mm 中型個體，齒突向內。（產地泰國）

## 彎角大鍬成蟲飼養

除了外型不同，大鍬間的個性也不盡相同！個性上，彎角大鍬是比較兇的那種。用手指戳他，他會毫不猶豫的張開大顎迎擊（或是全力奔跑），母蟲鞘翅紋路非常深，很好認。

壽命就跟其他夥伴們一樣長壽，正常養都能過2年以上。

## 彎角大鍬交配與產房布置

照上面所講的，因為公蟲比較兇，所以最好把公母放到成熟才交配，也就是羽化二到三個月後，交配過程很快，一下就完事了，常常不到一分鐘。

爆母的意外不多，用大箱子配上足夠躲藏處後，公母直接丟一起，一、兩個禮拜，通常也可以順利交配。

產房布置的部分，因為DCC一般只在木頭內生，所以一定要放產木，軟硬都接受，濕度一般或偏乾。使用M箱配上直徑10cm的產木可以，通常一輪可以收到30隻。

投產的環境與季節比較不像日大、中大與巨大鍬一樣挑剔，公母蟲有些甚至也不會冬眠。總之，只要母蟲有睡飽、有吃飽，天氣也不會太冷，彎角通常都順利繁殖。

DCC的母蟲非常愛吃幼蟲，所以強烈建議投產不要投太久，放個一個月左右就可以移出母蟲了。

## 彎角大鍬幼蟲飼養

卵孵化時間差不多3周到1個半月。幼蟲強健好養，對溫度的耐性很高，不溫控也不會死，但建議是把溫度控制在攝氏22度～25度，用菌來養比較會出大蟲。

公蟲從L1到羽化大概要吃1杯菌杯+2～3瓶窄口瓶。母蟲則是在菌杯吃完後，可以直接用1L木屑或一罐菌瓶養到羽化。

我這一批是4月底投產。

5月採收L1幼蟲20隻，用鮑魚菌杯來養。

7月換換成鮑魚菌窄口瓶。

9月要換瓶時就發現兩隻母蟲做好蛹室了。

10月時公蟲也做了蛹室。

最後全部在11月羽化。

平均起來母蟲5個月羽化；公蟲6個月羽化，吃菌瓶的普遍比吃木屑的大隻，但這批全部都只有到中牙型的程度……

「難道是金牛座跟雙子座的蟲特別愛搶越冬！？」

「可能是溫控的不夠徹底，七月了才放進冰箱……」

好在隔年（2016）就雪恥成功！養出來都是長牙型的大型個體！

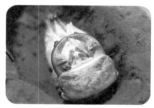

## 越南彎角大鍬形蟲

日文名稱：ババクルビデンスオオクワガタ
　　　　　（ベトナムクルビデンス）
學　　名：*Dorcus curvidens babai*
產　　地：越南大叻
飼育難度：★☆☆☆☆
繁殖難度：★★☆☆☆
成蟲壽命：2～3年
成蟲大小：♂ 29～81mm　♀ 27～42mm
幼 蟲 期：♂ 6～12個月、♀ 4～8個月
溫　　控：建議（約攝氏 20～26 度）

## 聊聊越南彎角大鍬

講到彎角大鍬，其中有一隻一定要特別介紹一下的黑蟲，也就是越南彎角！

越南彎角大鍬形蟲，在香港叫做「括號大鍬」，台灣通常是叫越南彎角、也可以叫馬場大鍬、DCB或越南大鍬。此亞種只有在越南的中、南部山區出現，最常見的產地為「大叻市」。

雖然我對越南跟大叻都不熟……不過GOOGLE一下，似乎是有濃濃法國味的高山城市，海拔頗高，在1500m以上。

越南彎角與其他彎角最大的差異就在於：大顎內如月牙般漂亮的弧線！

一般的大鍬內齒會隨著體型往前移動……但越南彎角的內齒不但不會往前，還會往內！於是有了像括號一樣的美麗橢圓空間！個性不算溫和，但沒派瑞、扁鍬那麼兇。特殊的牙型讓越南彎角的粉絲也不少。

## 成蟲飼育

由於是高山蟲，所以比較怕熱，夏天把成蟲養在不夠通風的容器會有生命危險（幼蟲也是一樣）建議想要認真養的話，必須要有溫控的設備吧！

## 交配與繁殖

我第一次養越南彎角，是在台北蟲店買了一對60mm的對蟲。色色的公蟲一看見妹子馬上就飛奔上去，不斷用大顎輕夾調情，加上用觸鬚不斷的性騷擾……但母蟲似乎沒什麼興趣，轉身爬去吃果凍。

接著讓他們倆同居兩個禮拜……雖然沒有看到交配過程。但小倆口常常一起吃果凍；或是躲在樹皮下一起睡覺。應該已順利合體了吧？於是把母蟲抓出來，丟到已經布置好的產房。

這個產房用了微粒子發酵木屑配上普通硬度的楓香段木，濕度普通、溫度也沒特別設定：五月到七月的台北室內溫度差不多也是攝氏30度上下，不過因為放在房間裡，下午或晚上會跟我一起吹冷氣。

丟下去第一個晚上就爆咬木頭！這下應該是沒問題了！！

從5月投到7月，然後8月開挖。
共取得16幼蟲6顆蛋。

# 2015 的飼育紀錄

**5月底**：投產。

**7月初**：移出母蟲（投兩個月）

**8月初**：開挖，L1幼蟲入250cc秀珍菌杯。

**9月中**：公蟲換成700cc秀珍菌磚、母蟲則是吃發酵木屑。

**10月中**：再換一次700cc秀珍菌磚，同時發現母蟲2隻死亡，剩下2隻母蟲跟著吃菌。

**11月底**：換一次鮑魚菇寬口瓶。

**1月初**：要換瓶發現全部都做好蛹室。

**1月中**：一對72mm x 39mm羽化。

**2月初**：另一對70mm x 44mm羽化。

（不論公母都差不多6～8個月羽化）

72mm 的大型個體，剛羽化，全身還紅通通的。

## 安達祐實大鍬形蟲

日文名稱：アンタエウスオオクワガタ
學　　名：*Dorcus antaeus*
產　　地：印度、不丹、尼泊爾、泰國、
　　　　　馬來、越南等
飼育難度：★★☆☆☆
繁殖難度：★★★☆☆
成蟲壽命：2 年～ 3 年
成蟲大小：♂：32 ～ 94mm
　　　　　♀：31 ～ 57mm
幼　蟲　期：♂：10 ～ 20 個月
　　　　　♀：9 ～ 16 個月
溫　　控：必須

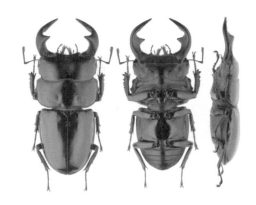

## 聊聊安達祐實

接著來聊聊蟲界巨星：安達祐實大鍬形蟲。在台灣，安達是很熱門的阿蟲，通常我們簡稱「安達」或是「DA」。

DA有著壯碩的身材。以及閃亮又充滿質感的盔甲！有『漆黑色的鑽石』這種的華麗（中二）綽號。雖然大顎比起其它鍬形蟲較粗短，但齒突的形狀讓牙看起來非常粗。

同時，DA不但是蟲界最受歡迎的蟲之一，大部分時間也是紀錄上最大的大鍬，跟巨大鍬每年都在爭奪誰才是最大的大鍬。

至於產地，DA分布範圍蠻廣的，大部分以亞洲大陸為主。

## DA 可能是性格最溫馴的鍬形蟲。

一般狀況不會攻擊人、也不會爆衝逃跑、或是跳樓裝死、大部分的情況都在優雅的漫步！拍照配合度也高，加上繁殖容易、產量極大，又容易養出大型蟲，大概也是用最少的錢能買到最大尺寸的大鍬，真是隻好蟲！

## 唯二的缺點只有「幼蟲期長」跟「怕熱」

DA的幼蟲期算是很長的。不論公母蟲，從投產到羽化往往都要接近一年的時間，在低溫度飼養環境的DA，大型個體通常要超過16～18個月才會羽化……

## 成蟲飼育

成蟲飼育，就老樣子：空間足夠、有攀抓物、通風良好。不過因為DA是高海拔蟲，非常怕熱，不會冬眠，建議成蟲也要溫控，不然會死得很快……右圖這隻泰國DA，就是在新竹8月的室溫下被熱死的……

## 交配與繁殖

凡是看過DA交配的人都會印象深刻。所有的鍬形蟲之中大概就是DA最好色，一遇到母蟲就會一直想色色，一整天都在交配，實在是盡心盡力啊！

而且還是快槍俠！每發大概10秒就完事了。成熟的對蟲會以V字體位迅速交配。如果有看到交尾處的精絲，通常就成功了，如果擔心時間太短會失敗，就讓它們多配個幾次吧！

產房的布置很簡單。一般建議用很軟的木頭半埋、普通的濕度配上壓實的微粒木屑。溫度在攝氏20～26度之間，季節以春秋兩季佳，但其實DA挑溫度不挑季節。一個產季大概可以生50～100顆蛋！

只要溫度對了，其他都很簡單，甚至直接用高發酵的微粒木屑壓實就會生了！最近也越來越多飼育家直接使用寬口菌瓶挖一個洞就當作DA的產房了。

## 幼蟲飼育

幼蟲會在一個月左右孵化；然後一個月多一點轉齡；再兩個月轉L3；順利的話，第一罐菌吃完幼蟲就會像糯米腸一樣大隻！

然後，幼蟲無論如何都要養在涼爽的環境！理想的溫度約是攝氏20度～22度，攝氏24度算是兼顧羽化時間與體型的極限。超過攝氏30度幼蟲會開始亂鑽、拒食然後死亡變成黑香腸……

食材方面，吃木屑跟菌都有人養出不錯的成績……使用木屑記得要配合「高品質木屑」、「少打擾」、「低溫」這三個條件。但如果用菌的話，會更容易養出大型個體，也比吃木屑的更快羽化！

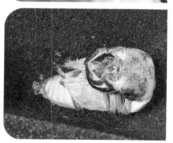

幼蟲以它的體型來說，食量不算大，居食現象很明顯，以兩個月換一次的頻率，大型個體的幼蟲可以吃到五罐甚至六罐的菌。

剛羽化的時候會是很鮮豔的紅色，之後就會慢慢轉黑了。可千萬別錯過這隻肌肉怪獸喔！

CHECK POINT

最後再提醒一次，沒有溫控就不要嘗試！真的不會有好下場的！

# 巨大鍬形蟲

日文名稱：グランディスオオクワガタ　　　成蟲壽命：3～5年
學　　名：*Dorcus grandis*　　　　　　成蟲大小：♂：30～92mm　♀：25～57mm
產　　地：緬甸　　　　　　　　　　　　幼蟲期：♂：8～12個月　♀：6～12個月
飼育難度：★★★☆☆　　　　　　　　　溫　　控：非必需
繁殖難度：★★★★☆

巨大鍬形蟲，顧名思義就是很巨大的鍬形蟲。最初大家叫他寮國大鍬，後來發現不只寮國有，於是用了學名意譯就變巨大鍬了。

目前巨大鍬被分為三個亞種，分別是：

● *Dorcus grandis grandis*（寮國、中國、越南）
● *Dorcus grandis moriyai*（印度、緬甸）
● *Dorcus grandis formosanus*（台灣）

此篇要介紹的是*Dorcus grandis moriyai*，簡稱DGM，巨大鍬形蟲守谷氏亞種，也是最大型的巨大鍬。

## 聊聊巨大鍬形蟲

巨大鍬不論是野外還是飼養環境都很難找，是非常珍稀的黑蟲。數量少的原因鐵定是因為太難搞。巨大鍬相當神經質，一有風吹草動馬上裝死或逃跑，對母蟲又不紳士，看不上眼就把人家女生揍一頓趕走，甚至殺掉。

就算看對眼了，其中一方還沒成熟的話，兩隻蟲聊個幾句就好聚好散了，要多久成熟？答案是「半年」……半年就算了，還要越冬母蟲才會生；甚至只有春秋兩季有可能生，生不生還要看母蟲心情，就算終於生了，大部分也只生個位數字……

勁敵DA這款淫蟲只要公母放一起就說交配就交配，配完母蟲一轉頭就生個100隻幼蟲，相較之下，也難怪「最大」的王座會被人搶走了……

## DGM 交配

巨大鍬交配非常困難，因為他跟大鍬一樣膽小，但是卻又跟扁鍬一樣兇暴……先準備好一對已成熟的公母，原則上是至少要等進食後5個月，或是冬眠過再醒來才算成熟。

再準備一個夠大的圓桶，直徑最好能有個20～30公分，半透明最好，丟入一層墊材，像是樹皮之類的還有果凍皿（或切半果凍），接著把桶子放在比較陰暗、又不會被風吹到的角落，盡可能的避免光線與大動作。然後把公蟲丟進去，讓他先冷靜一下，適應環境與建立地盤。最後在小心翼翼的把餓了兩天的母蟲，慢慢的放進去箱子……

然後開始漫長的等待吧，記得不要作出任何大動作，雖然不至於像巨扁類這麼殘暴，但要是被弄爆一隻母蟲，你得找很久才能再找到第二隻……

根據許多人的經驗與筆記指出，交配時間雖然只有短短幾分鐘，但交配完也不要馬上丟到產房，先讓母蟲吃果凍進補一個月再投產，就能提高產量、減少爛蛋的機率。

## DGM 產房布置

順利交配完後，巨大鍬只會在春天跟秋天兩個季節產卵，秋天比春天會生，而且DGM繁殖不但看季節，也看溫度，一般來說是攝氏22～26度左右才會願意生。

太冷就會冬眠，太熱會罷工，所以除非有優秀的溫控環境，否則盛夏跟寒冬根本不用嘗試。然後DGM的產房布置要掌握幾個重點：

● 產房要大　● 木頭要大
● 濕度要偏乾　● 木頭普通硬
● 蟲要除乾淨

最後，把箱子放到你家最不會受到打擾的地方，並用條毛巾把他蓋起來遮擋光線，每個禮拜偷偷打開換個果凍。順利的話，母蟲會在產木上挖一條隧道並開始生蛋（但是有挖不代表有生）。

至於產量，一根產木大概會生1～10隻幼蟲，10隻以上就算爆產啦！不過，要是沒生也是很常見的狀況，請不要太氣餒，抓出來重配再試一次吧！

我第一次投產，共取得6幼蟲2顆蛋，而且蛋超大顆，第一次看到的飼育家一定會嚇一跳吧！

## 幼蟲飼育

養活幼蟲很簡單，養大很困難。

巨大鍬的幼蟲非常怕打擾，一打擾幼蟲就亂鑽，食欲降低，成長緩慢甚至提前化蛹成小蟲。所以L3中途換瓶很容易導致提前化蛹，建議第三罐要使用大SIZE的2000cc菌瓶一口氣讓他吃到化蛹。

## 成蟲飼育

成蟲相當粗勇，不但外型狂野，適應溫度能力也很罩，不怕冷也不怕熱，耐冷更勝中、日大，也不像DA夏天一不小心就被熱死。

抓在手上會很大方的爬來爬去，摸他會像扁鍬一樣抬頭張牙，但是不會兇狠的把你手夾爛，通常都夾個一口意思到了就好，然後繼續跑，直到他覺得安全為止。

壽命很長，最長可以活五年，普通養應該也有三年，但不論入手難度、飼養難度以及價錢都對新手不太親切，建議較適合進階的黑蟲玩家再來挑戰吧。

## 萊絲恩大鍬（派瑞大鍬）

日文名稱：パリー、リツセマオオクワガタ
學　　名：*Dorcus parryi*、*Dorcus ritsemae*
產　　地：東南亞（印尼、爪哇、菲律賓、泰國、
　　　　　中南半島）
飼育難度：★★☆☆☆
繁殖難度：★★☆☆☆
成蟲壽命：2 年
成蟲大小：♂ 24～79mm　♀ 29～41mm
幼 蟲 期：♂ 8～14 個月　♀ 6～10 個月
溫　　控：非必需／建議

### 聊聊派瑞大鍬／萊絲恩

接著是大鍬家族東南亞的代表：派
瑞大鍬！

不過說是「派瑞大鍬」……其實已
經是以前的名字了……因為跟別的
蟲撞名的關係，派瑞大鍬在1998改

名成「萊絲恩大鍬」蟲界也可以直接拿產地當名字：像是印尼大鍬啊、菲
律賓大鍬之類的……不過很多人還是繼續叫派瑞就是了！

我很久很久以前還是個稚嫩又帥氣的學生時，養過菲律賓的S亞種，那時
的派瑞是便宜又大碗的品種，一樣的大小比卻其他大鍬都來得便宜。但現
在因為專門養中大、日大的飼育家越來越多，所以派瑞大鍬反而變得稀
有，不特別找的話，要有點運氣才會遇到自己想養的亞種。

## 分類問題

養派瑞分類一定是養派瑞最先遇到、也最頭痛的問題。

因為派瑞大鍬的齒型變化度極大……有時候明明是同一種、同一批、同一個大小，卻長得不一樣。甚至老爸、兒子跟孫子明明都是同一支血累出來的，外表卻不一樣。

各位要是在網路上搜尋派瑞的討論串，就會看見一大堆飼育家們上來問自己的派瑞到底有沒有問題，或是「你的派瑞怎麼跟我的派瑞不一樣」。飼育家能做的，只能希望自己養出來的蟲夠大隻，因為越大隻越容易長的「標準」，也才容易辨識。

## 成蟲飼養

成蟲不怕熱、不怕冷。個性跟扁鍬比較像。

印尼沒有冬天，所以派瑞不會冬眠。壽命大部分都是兩年左右，感覺上比其他大鍬短命一點點（可能是因為睡太少的關係吧）。

母蟲的鞘翅紋路特別深，如果有對照組的話，應該是不會跟彎角、中大、日大的母蟲搞混。但是不同亞種間的母蟲似乎沒有辨識的方法……管理上請務必多用點心。

## 交配

派瑞大鍬可能是最兇的大鍬！兇狠程度不下扁鍬，所以讓派瑞交配時一定要小心再小心。

我飼養派瑞時在這關卡了最多次……右圖就是公母直接一起丟進產房的後果，各位要引以為鑑啊！

# 日本小鍬形蟲

日文名稱：コクワガタ、コクワ
學　　名：*Dorcus rectus rectus*
產　　地：日本
飼育難度：★☆☆☆☆　繁殖難度：★☆☆☆☆
成蟲壽命：2～3年
成蟲大小：♂ 17～58mm　♀ 18～37mm
幼 蟲 期：6～8個月
溫　　控：不需

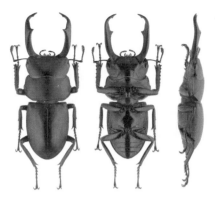

## 聊聊日本小鍬

講完了大鍬形蟲，接著聊聊小鍬形蟲吧！其實我以前不知道有日本小鍬這玩意兒。之所以會知道它的存在……是因為某次我養出超小隻日本大鍬時隨口說出「哇，養出日本小鍬啦！」，然後被蟲友糾正，這下才知道原來還有日本小鍬這種蟲。

日本小鍬顧名思義，是隻小蟲。能養出40mm的就算是大型長牙個體了。是日本最常見、最容易捕捉也最容易飼養的鍬形蟲代表。

原名亞種的*D. r. rectus*遍布全日本。甚至在台灣也曾經有採集紀錄，但是因為數量太少，所以一般並不認為台灣有產日本小鍬（不過倒是有很像的望月跟雙鉤鋸）。小鍬好生、好養、壽命又長，可以說是最適合新手入門的鍬形蟲！

同時，小鍬膽小怕生，夾子又弱，就算混養也不太會有死傷。個性上，小鍬很愛裝死，跑得很快，不常飛，但飛行能力很好，所以把玩跟拍照的配合度很不好……不過仔細看的話，就能發現他纖細、含蓄又斯文的氣質。

像是比例恰到好處的小夾子，低調的霧面黑中帶一點點酒紅的配色，這些特點讓日本小鍬也一直有著不錯的人氣！

## 小鍬的繁殖

小鍬是很重隱私的蟲，我養這麼多次小鍬，還沒看過他們交配的樣子。不過因為公蟲很紳士也很溫柔，從來沒聽說過母蟲被爆的。所以產房布置好後直接公母丟進去就好，甚至空間夠的話，一次養好幾對也不是問題！

一般來說，小鍬不生木屑，所以一定要放產木！木屑只要能固定住產木就好。至於產木，挑軟一點的產木可以讓母蟲比較輕鬆一點，節省體力生更多蛋！

有個小祕訣是增加產木的表面積，也就是溝與洞越多越好。大一點的產木塊、產木片也會生，想省錢的話可以用剝剩的產木塊用橡皮筋或繩子綑一捆埋進去產房，一樣會有很好的效果。

## 幼蟲飼育

因為幼蟲超級小隻，要挖幼蟲實在太困難，很多日本的飼育家乾脆直接讓幼蟲留在產木吃到飽，吃個四五個月再挖出來壓小杯木屑等化蛹。據說用產木直接養的話，要吃一年才會化蛹，我實在不想等那麼久，而且我也想好好觀察，最後我還是挖出來用菌杯跟木屑養。

成功取得幼蟲後，因為聽說用菌的會比較容易大、羽化也比較快，我就親自實驗看看。得到的結果是：「會不會比較大不一定（反正都很小），但一定比較快」。吃菌的幼蟲羽化時，吃木屑的還沒開始準備作蛹室。

但是因為小鍬幼蟲期其實還蠻長的，公蟲會吃個6～8個月，跟大鍬差不了多少，所以菌通常會在吃完前劣化，最好還是要換個幾次。

## 刀鍬形蟲

日文名稱：ヤマダクワガタ
學　　名：*Dorcus yamadai*
產　　地：台灣
飼育難度：★★☆☆☆
繁殖難度：★★★☆☆
成蟲壽命：6 個月～ 1 年半
成蟲大小：♂：25 ～ 63mm
　　　　　♀：25 ～ 39mm
幼 蟲 期：8 ～ 12 個月
溫　　控：必需

## 聊聊刀鍬

講完了小鍬，接著聊聊刀鍬吧！蟲的外表跟名字都非常的煞氣，大顎一張開，就像同時揮舞著兩把薙刀的武士。

分類上，刀鍬是大鍬屬（Dorcus）的黑蟲，但是「刀鍬」分類上還有些混亂。就外型而言，細長卻厚實的身體讓他看起來比較像鋸鍬，不過如果想在日本網站找到他的話，要找「小鍬形蟲」（コクワガタ）的分類。

一開始我們的刀鍬是跟日本的「紅腳刀鍬」（*Dorcus rubrofemoratus*）放同一個分類的……後來獨立出來，變成台灣特有種（*Dorcus yamadai*）。

不過，橫看豎看，還是台灣刀鍬最有質感！不論公母都有一身消光黑的低調光澤。

## 飼養要點

1　成蟲怕熱，溫度太高會直接影響壽命與活動力，超過攝氏30度高機率死亡。

2　公蟲很好色，注意不要交配過量影響壽命。

3　公母蟲都活潑不怕生，會一直在飼育箱中到處散步。

4　使用普通的溫度跟偏軟的產木。

5　幼蟲可以用菌養、也可以用木屑。

6　幼蟲更怕熱。

7　蟄伏期最短1個月，最長會到6個月。

台灣刀鍬的親戚，紅背刀鍬也是很受歡迎，之前在安達瘋看到胡老師發過的照片，驚為天人，鞘翅的酒紅色真的很迷人，過了幾個月後，在逛虹森林的時候剛好有一對新蟲，我毫不猶豫的買下一對。飼養方法跟台灣刀鍬差不多，如果要繁殖的話，就必須要把溫度控制在攝氏20～26度才有機會。

## 台灣繡鍬形蟲

日文名稱：タイワンサビクワガタ
學　　名：*Dorcus taiwanicus*
產　　地：台灣
飼育難度：★☆☆☆☆
繁殖難度：★☆☆☆☆
成蟲壽命：1～2年
成蟲大小：♂：11～27mm
　　　　　♀：10～18mm
幼 蟲 期：4～8個月
溫　　控：建議

## 聊聊鏽鍬

大鍬屬不是只有大鍬跟小鍬，還有超迷你的可愛鏽鍬。這種蟲在野外不難捕獲，而且超級膽小，只要有風吹草動，都一定把腳縮起來裝死，等到風平浪靜後才會一溜煙的跑掉。

沒什麼攻擊力，食量超小，半顆果凍放到乾掉或被果蠅吃掉都吃不完。

飼育上，溫度不會很挑，不過畢竟是山上才會有的蟲，如果住南部想養鏽鍬，還是注意一下溫度比較好。

不過老實說…這蟲養起來很沒存在感…拿出來只會裝死，放回去箱子又都看不到。投產因為幼蟲太小不能太早收，慢點收又會覺得乾脆直接擺到羽化。最後變成「只是放一箱蟲自生自滅」而已！

另外，鏽鍬看起來「鏽」是因為鞘翅刻紋很深，又喜歡躲在潮濕的根部樹洞，所以會卡一堆泥土，看起來很像生鏽的顏色。

不然其實鏽鍬原廠配色是「全黑色」的喔！

然後呢，這點會造成標本製作上的麻煩，因為烘乾後會讓泥土乾掉、脫落，弄髒標本盒，蟲體上會呈現一塊一塊的沙漠迷彩的色塊，所以做標本前要拿牙刷把它先刷乾淨。

## 交配與繁殖

飼養時連蟲都看不到，所以也根本看不到交配。反正這體型跟個性不會出事。所以把公母跟產木（或是小塊木屑、碎木片）丟一起加半顆果凍……過兩個月理論上就會有幼蟲了。

採收大概是最困難的部分，由於卵超級無敵小顆，正常人類的肉眼是無法找到的。就算孵化了，L1幼蟲搞不好還比白線蟲小……開挖時會一直發生「噗啾～」的悲劇。

等到L3看起來夠大了，這時挖出來入菌也太遲了，反而可能造成適應不良……

幼蟲食量很小，1個100cc布丁杯用木屑就能養到羽化了！也可以吃菌，羽化速度會快1～2個月。我這一批公蟲6個月、母蟲4個月化蛹。

有些公蟲化蛹會在杯底挖「一整圈」的蛹室，很不牢固，還會到處塌陷，看得我膽顫心驚，所以挖出來用人工蛹室。

蟄伏期不長，一個月左右，所以大概七、八個月一輪。總而言之，是蠻好養、也挺有趣的小品黑蟲，不過我沒有看過專門養鏽鍬的飼育家，大部分都是為了收集標本或是滿足好奇心的才會養個一輪。

# 扁鍬形蟲

在大鍬屬的分類下,有一群特別大、特別粗又特別凶的鍬形蟲。它們適應力強大、戰鬥力過人,人氣也是超級高!它們就是扁鍬形蟲(ヒラタクワガタ)!

## 台灣扁鍬形蟲

日文名稱:タイワンヒラタクワガタ
學　　名:*Dorcus titanus sika*
產　　地:台灣
飼育難度:★☆☆☆☆
繁殖難度:★☆☆☆☆
成蟲壽命:1～2年
成蟲大小:♂:23～77mm
　　　　　♀:22～44mm
幼蟲期:4～10個月
溫　　控:不需

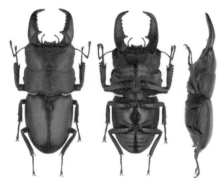

## 聊聊台扁

台灣扁鍬形蟲,通稱台扁,是咱們寶島上最常見也最厲害的鍬形蟲。

雖然體型與他的親戚們比較之下是輸了一點,但是戰鬥力、鬥志、生存能力、繁殖能力可不是蓋的。

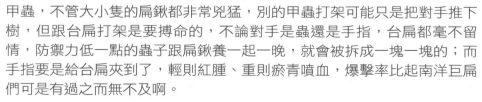

首先是戰鬥力,台扁應該是全台灣最強的甲蟲,不管大小隻的扁鍬都非常兇猛,別的甲蟲打架可能只是把對手推下樹,但跟台扁打架是要搏命的,不論對手是蟲還是手指,台扁都毫不留情,防禦力低一點的蟲子跟扁鍬養一起一晚,就會被拆成一塊一塊的;而手指要是給台扁夾到了,輕則紅腫、重則瘀青噴血,爆擊率比起南洋巨扁們可是有過之而無不及啊。

再來是生存力,不論冷熱、乾濕台扁都扛的住,正常飼養下,要養死台扁還比較難。所以台灣從高山到平地都抓得到,甚至偶爾在城市裡都能發現台扁的蹤影。

而且如果要繁殖的話，不管產木軟的還硬的都生，甚至把木屑壓緊、丟腐植土一樣可以爆產，卵期、幼蟲期、蛹期、蟄伏期都比人快，從卵到羽化最短甚至可以在4個月搞定，整個超猛。

而且，雖然台扁在野外隨處可見，但意外的在飼育界是隻熱門蟲喔！

甲蟲論壇最常見的問題：「請問這隻鍬形蟲母蟲的名字？」答案往往是「台扁母蟲」。

原因除了我們台灣人對自己家鄉的愛以外...扁鍬是最常見也最適合新手的蟲，而「把扁鍬養到60+」似乎也變成飼育師的一個技術指標；雖然台扁非常好生、非常好養，野外又多，但是6公分以上就是少見的大型個體，在人為飼養環境下，只用木屑隨便養養也不太容易養到60+，必須有點實力才能養出6公分以上的個體。

而許多早已脫離「新手」稱號的蟲友們，一樣願意不斷讓台扁累代，以挑戰70+的個體，彷彿只要能養出7公分扁鍬就是光宗耀祖的「菁英飼育師」，不過其實不論大小都有其可愛之處啦！

例如左圖這隻，29mm。

40mm。

60mm。

## 成蟲飼養

就照著基本鍬形蟲的飼養法養：只要有東西抓、有食物就好。除非你把換氣孔堵死、拿去曬太陽或是泡在水裡，否則台扁是不會死的。要注意的就是台扁真的很愛打架，一打架就要往死裡打，所以絕對不要混養。

## 交配

雖然說扁鍬形蟲非常兇猛，但是台扁的交配反而不會太困難。

台扁成熟的很快，在野外的扁鍬會盤據樹洞，建立地盤，用充滿食物的豪宅邀請母蟲，就算交配完還是會繼續同居，三妻四妾也是常有的事，而如果公蟲不友善，母蟲會飛也似的拔腿就跑，至少在我養了這麼多代的台扁經驗中，一次也沒有爆母過。（反而是有兩隻公蟲被母蟲爆過，一死一殘...）

不過講是這麼講，畢竟還是鍬形蟲，可別以為直接可以像獨角仙一樣把公蟲丟到母蟲身上就好，這樣還是會悲劇的。

不然照著基本步驟都可以順利讓兩蟲結為連理的。

基本步驟如下：

1 準備夠大的箱子，並且有攀抓物也有墊材（最理想的是圓型的箱子配上方形的大果凍台）。

2 先放公蟲，讓公蟲冷靜並建立自己的地盤。

3 放母蟲，想加快速度可以把母蟲的屁股直接推到公蟲的觸角下。

4 如果公蟲發現母蟲後，就會用大顎壓住母蟲，並用觸角不斷地摩擦母蟲。

5 母蟲如果OK的話就會開始交配了，時間約20分～1小時，中途可能還會換各種體位。

ps. 會擔心可以準備澆花用的噴霧器在一旁觀看，要是公蟲明顯的是要打架就噴他水，一噴他就會轉移注意力的抬頭張牙，這時趕快營救母蟲。

## 產房佈置

交配成功後就可已開始布置產房了！標準產房SOP如下：（適用大多數扁鍬）

1 放一層木屑後，用力壓實（壓實完要至少3～5公分）。

2 再丟一點木屑後放入偏軟、剝皮並且泡過水的產卵木。

3 繼續把木屑倒在產卵木兩側，並且用力按實，讓產木不會滾動。

4 再倒入一層木屑，稍微按一下，上面放些樹枝、樹皮等攀抓物。

5 放入食物、蓋上蓋子、貼上標籤，完成。

不論是木頭、木頭邊或是木屑，扁鍬都會生，正常而言生一輪可以取得20～40隻幼蟲。

等放了兩個月，就可以準備開挖產房囉。

一倒出產房就看到木屑中的幼蟲。

有時候木屑中還有卵，如果不想孵蛋就在移出母蟲一個月後再開挖。

在產木中鑽隧道的 L1 幼蟲。

## 幼蟲飼養

幼蟲約2個禮拜就會從黃色的蛋孵出來，並且很快的開始大吃。食材從產卵木、輕發酵木屑一直到腐植土都肯吃，如果要養得比較好，建議使用高發酵木屑。幼蟲L3之後自相殘殺的情況頗嚴重，建議盡可能不要混養，混養了不是死掉就是出小蟲。

用菌瓶比較容易養出大蟲，如果能全程用菌的話，超過60+沒有什麼問題。但雖然扁鍬是很耐熱的蟲，如果是台灣夏天的溫度，直接用菌瓶還是有點危險的，建議如果要入菌，一定要準備好降溫的對策喔！

如果沒辦法控制溫度，但還是想要用菌的話……就做好家庭計畫，8月底投產，讓幼蟲在9、10月出生，避開夏天。不然就乖乖的用木屑養吧，小蟲總比死蟲強。正常情況用木屑養，幼蟲差不多6～8個月羽化，用菌養會變成4～6個月羽化，母蟲會比公蟲再快1～2個月。

不過比起食材，溫度才是影響幼蟲期長短的關鍵，寒流來之前要是幼蟲有四個月大，常會搶越冬提早羽化。而過完冬的幼蟲，只要3月開始回暖，也是不管幾個月大都會開始作蛹室。

這邊要提一個慘痛的經驗⋯⋯
我不確定是不是扁鍬特有行為；還是個別案例？我有一年把三、四顆
母蛹一起放進人工蛹室並放同一個塑膠盒，結果其中一隻母蟲先羽
化，身體一變硬就去把其他姐妹全部殺光⋯⋯所以就算是蛹，記得也
不要放在一起⋯⋯

## 深山扁鍬形蟲

日文名稱：ミヤマヒラタクワガタ
學　　名：*Dorcus kyanrauensis*
產　　地：台灣
飼育難度：★☆☆☆☆
繁殖難度：★★☆☆☆
成蟲壽命：1 年～ 2 年
成蟲大小：♂：18 ～ 58mm
　　　　　♀：23 ～ 35mm
幼 蟲 期：4 ～ 10 個月
溫　　控：不需

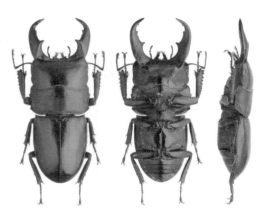

## 聊聊深山扁

深山扁是台灣另外一種扁鍬，同時也是台灣扁鍬的好兄弟。一開始發表時似乎是分到Serrognathue屬去了，但很快就被分回到Dorcus的大家族之中。

而雖然名字有個「深山」但其實也不用到深山就抓得到，甚至山腳下的樹林就有可能出現。不過出現率就比台灣扁鍬低很多。

深山扁長得跟台灣扁鍬很像，但是仔細一看就會發現外型獨特的地方（深山扁可是台灣特有種喔！）首先可以從體型大致判斷：深山扁體型較小，野外常見的差不多3～4公分左右。

接著是「齒型」，深山扁除了基齒以外，深山扁大顎上的鋸齒非常平滑，並多出一個小小的齒突：

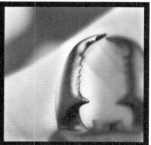

深山扁　　　　　台扁

第三個是鞘翅，深山扁鍬的鞘翅較粗糙，佈滿小小的刻點。

而母蟲的辨識更簡單了，鞘翅上都是刻點的就是深山扁了！（台灣扁鍬的是光滑的，最多只有鞘翅最外緣會出現一些刻點）。

深山扁適應力雖然沒有台扁那麼強，不過基本上也算是不怕冷、不怕熱的品種，盡可能養在通風、涼爽的環境下，可以讓他活得開心而且長壽一點！

## 蘇門答臘巨扁（亞齊巨扁）

日文名稱：スマトラヒラタクワガタ
學　　名：*Dorcus titanus yasuokai*
產　　地：印尼蘇門答臘
飼育難度：★☆☆☆☆
繁殖難度：★★★☆☆
成蟲壽命：約 1 ～ 2 年
成蟲大小：♂：31 ～ 104.2mm
　　　　　♀：29 ～ 53mm
幼 蟲 期：♂：8 ～ 10 個月
　　　　　♀：4 ～ 6 個月左右
溫　　控：非必需／建議

## 聊聊蘇門答臘巨扁

首先，「亞齊扁」其實不是一個亞種的名字，而是「亞齊產蘇門答臘巨扁」的簡稱。蘇門答臘在印尼西南邊，而亞齊則在蘇門答臘的西北邊，而在亞齊所出產的蘇門答臘巨扁，大顎特別粗，是蘇門答臘巨扁中最受歡迎的產地！所以蟲界有時就直接稱他為「亞齊巨扁」了。

## 飼育

蘇門答臘的氣候跟台灣不會差太遠，所以成蟲可以過得很舒適。力氣很大，把玩的時候務必小心，大顎一夾可不是瘀青就可以了事的！

由於體型巨大，飼育的時候攀抓木也要有點份量，不然只有水苔或小木片跌倒了沒辦法幫他翻回來。南洋那一帶的扁鍬母蟲都長得差不多，非常難辨認，而且互相混種完全沒有問題。甚至連後代出生都沒辦法100%確認親代，所以千萬別搞混了。

蘇門答臘巨扁除了亞齊以外，常見的產地還有明打威、明古魯、廖內。雖說不論產地，有時候後代還是會出現偏中齒的個體……但一般相信：亞齊有較穩定的基齒、明古魯較容易出現中齒。

幼蟲很強壯，也很好養。用菌養很容易出現大型個體，用木屑養的話，聽說要配合低溫養一年半才會出大型個體。

食量很大，菌瓶常常吃一個半月就吃完了，所以要多備一點起來放。

最後公蟲共吃了 5 個菌瓶，養在攝氏 22 度冰箱，孵化後約 8 個月化蛹。

出現問題！蛹太重了，翻身的尾部在海綿直接刮出深深的溝，導致蛹無法自行翻身。

換了另一個海綿製的人工蛹室，還好及早發現，不然大概要悲劇了！

但是刮下來的碎屑加上數天沒有翻身，大顎出現了壓痕……

蛹期大概 4 個禮拜，某天下班回家時就已經開始羽化了。

果然出了問題！鞘翅有點壓痕，晾翅時還合不攏！

等到鞘翅有點顏色的時候，用藥妝店買的防水透氣膠帶做緊急處理。

亞齊巨扁哥大概覺得屁股被貼膠帶癢癢的，一直想往前爬（從這個角度可以明顯看出大顎的壓痕）。

過了一天，感覺有好一點了。內翅順利摺疊，但是鞘翅還沒合緊。

再貼一次，基本上只要鞘翅還沒變硬、顏色還沒完全變黑，就還有救！

第三天再換一次膠帶，這時候鞘翅已經是幾乎閉合了，調整一下就放著讓他睡了。

過完蟄伏帶去外拍，可以看到術後復原非常良好，躲過了燕尾的結局。

零星的疤痕反而讓他像個征戰無數的戰士，反而有點帥啊！繼續累代下去看看有沒有機會破百吧！

CHECK POINT

超過9公分的大型個體要是用直立窄口瓶飼養，而蛹室又做的太靠近壁邊、或是在底部，會有羽化失敗的風險……所以建議最後一罐可以橫著放，但是瓶口記得要封好。

## 蘇拉威西巨扁鍬形蟲

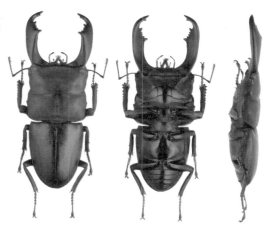

日文名稱：スラウェシヒラタクワガタ
　　　　　（舊名セレベスオオヒラタ）
學　　名：*Dorcus titanus typhon*
產　　地：印尼－蘇拉威西大島
飼育難度：★☆☆☆☆
繁殖難度：★★★☆☆
成蟲壽命：約 1 ～ 2 年
成蟲大小：♂ 31 ～ 103mm
　　　　　♀ 29 ～ 53mm
幼蟲期：♂ 8 ～ 10 個月
　　　　♀ 4 ～ 6 個月左右
溫　　控：非必需／建議

## 聊聊蘇拉威西巨扁

本篇的主角是蘇拉威西大島產的大扁
鍬：蘇拉威西巨扁！因為造型特別，
又大隻又好養，所以也是市場的熱門
蟲，但其實它有好一段錯綜複雜又帶
點爭議的命名過程。為什麼會這樣？
右圖是蘇拉威西島的位址，蘇拉威
西（Sulawesi）（以前叫做西里伯斯
Celebes）位於印尼的東北方，往西
接近馬來西亞、往北鄰近菲律賓。是
個由四個半島組合而成的美麗大島。

由於島的地理狀況特別，所以各半島
的往來幾乎都靠海運居多，加上附近
三個國家都是一大堆海島所組成，貿
易關係密切，也因此增加了鍬形蟲隨
著船與貨物亂跑的機會，增加分類的
難度。

在久遠的1835年，幾乎整個東南
亞的巨扁都被分成「南洋巨扁」
（*D.t.titanus*），而這時候的蘇拉威西
巨扁的中文名稱通常是寫成「蘇門答
臘巨扁」的前齒型。接著到了1905，

前齒型大扁為了跟基齒型大扁作出區別，另外被分出來成為「提風扁」（*D.t.typhon*），日本人還另外取了個更帥氣的名字：「帝王扁」（ティオウ）（當然更有可能是因為日本人發音不好⋯⋯typhon唸成tyoon）。

但因為菲律賓跟蘇拉威西都有類似的前齒型巨扁，明明兩個島群距離相隔超遠，兩種扁鍬的表徵也有差異，叫同一種名字不是很怪嗎？所以在2010年時，菲律賓的帝王扁改成了*D.t.imperialis*。而*D.t.typhon*就成為今天的「蘇拉威西巨扁」了。

總而言之，這兩隻蟲中文、日文、學名都有過2～3次的變動，外觀又像，導致在討論與交流時特別容易混淆。如果看不出來，就看產地比較保險：現在的「帝王扁」指的是在菲律賓西北如呂宋島（Luzon）、卡坦端內斯島（Catanduanes）等地產的*D.t.imperialis*。

蘇拉威西大島產的「蘇拉威西巨扁」則繼承帝王扁以前的學名：*D.t.typhon*。

## 成蟲飼育

蘇拉威西巨扁幾乎都是前齒型、偶爾會有個體會偏到中間去，成蟲強健好養，兇暴好戰。大顎非常有力，把玩時千萬注意。

身體雖然整體是扁的，但其實又厚又重，很有肌肉感！飛行能力不佳，不會暴衝，也不太會裝死，走路都優雅地慢慢走，遇到危險都正面迎擊，實在是很有霸氣！

用手指輕輕戳一下或是對它吹氣，大扁們就會把大顎抬高，面對鏡頭擺出一副雄壯威武的姿勢，非常適合拍照！根本鍬形蟲界的模特兒！

CHECK POINT

有時候還會看到另一個學名：*Dorcus titanus sulawesi*，但我找不到文獻，我猜可能是某個人把寫在後面的產地當作學名的一部分吧！

## 帝王扁鍬形蟲

中文名稱：帝王扁鍬形蟲
日文名稱：テイオヒラタ
學　　名：*Dorcus titanus imperialis*
產　　地：菲律賓
飼育難度：★☆☆☆☆
繁殖難度：★★★★☆
成蟲壽命：1～2 年
成蟲大小：♂ 47～109mm
　　　　　♀ 22～52mm
幼 蟲 期：10～12 個月
溫　　控：非必須 / 建議

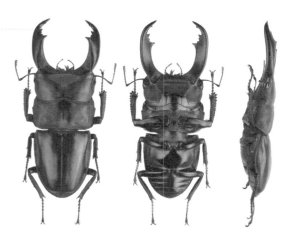

## 聊聊帝王扁

講到這個帝王扁，就一定要提到我的朋友阿貴！如果在台灣養帝王扁，很容易就會找到一個FB專頁叫做「帝王陵寢」，裡面有一大堆的帝王扁照片跟資料，這就是阿貴平常在做的事：帝王扁專精飼育，整個蟲室養滿滿的帝王扁！

「欸阿貴，既然你這麼熟帝王扁，教一下我怎麼養吧？」我問。

「好啊」阿貴回。

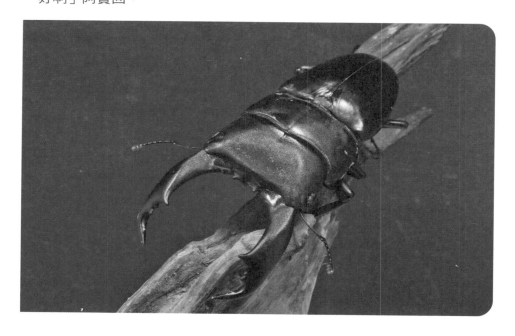

# 阿貴的筆記

「首先，帝王扁泛指分佈於菲律賓呂宋島以及周遭島嶼的扁鍬形蟲亞種」雄性體型可以超過十公分，屬於非常大型的鍬形蟲，多數以前齒型（最大齒凸近於大顎尖端）為主，外觀與遠在印尼蘇拉威西省的蘇拉威西巨扁（*D.t.typhon*）有著相似之處，但

實際上外觀相似恐怕是趨同演化的產物，所以帝王扁的分類問題一直是有爭議的（目前的資料顯示帝王扁鍬形蟲是2010藤田氏在日本發表的新亞種，模式產地為俗稱「君島」的卡坦瑞內斯）。

「欸，那菲律賓比台灣還熱，那養帝王扁還要溫控嗎？」

「還是要喔」

雖然原產地地屬熱帶，但主要生長地在有一定海拔的火山上，因此建議飼養還是要溫控的。雌蟲幼蟲期相對短很多，約半年就可以從卵到羽化成蟲，但體型常與雄蟲落差一倍，因為上述兩項原因，常成為大家煩惱的帝王扁繁殖問題。

（教完我帝王扁的飼育技巧後，阿貴還提供了帝王扁的一堆照片，真是太感謝他了）

## 巴拉望巨扁鍬形蟲

日文名稱：パラワンヒラタクワガタ
學　　名：*Dorcus titanus palawanicus*
產　　地：菲律賓巴拉望群島
飼育難度：★☆☆☆☆
繁殖難度：★★★☆☆
成蟲壽命：1～2 年
成蟲大小：♂：30～115mm
　　　　　♀：20～60mm
幼 蟲 期：8～12 個月
溫　　控：非必需／建議

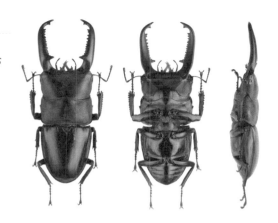

## 聊聊巴拉望

要講說什麼蟲又好養、又大隻、又不貴，那一定是我們菲律賓一哥「巴拉望巨扁鍬形蟲」！

身為最大隻的Dorcus，重量級的生猛軀幹配上兇猛霸氣的修長大顎，讓巴拉望註定是萬年不敗的黑蟲！尤其對新手而言，平易近人的價錢、好養、免溫控、巨大又帥氣，讓許多人第一隻外國蟲就是巴拉望。

老手則是不斷的挑戰紀錄，目前BE-KUWA的記錄來到了115mm，雖然在數字上敗給了長頸鹿鋸跟巨顎叉角，但是比上寬度、重量以及戰鬥力，巴拉望還是可以輕取前兩位選手的。

剛羽化完的時候，巴拉望的大顎會交叉像是卡住一樣，這是正常的不要擔心。

## 對馬扁鍬形蟲

日文名稱：ツシマヒラタクワガタ
學　　名：*Dorcus titanus castanicolor*
產　　地：日本對馬島
飼育難度：★☆☆☆☆
繁殖難度：★★☆☆☆
成蟲壽命：1～2年
成蟲大小：♂：31～84mm
　　　　　♀：30～42mm
幼　蟲　期：4～10個月（正常約6～8個月）
溫　　控：非必需／建議

## 聊聊對馬扁

對馬扁是在日本對馬群島上所發現的扁鍬亞種。也是日本國產體型最長的扁鍬，非常的有特色，修長的體態讓他看起來比親戚們都還來得有氣質。

內齒平滑不銳利，甚至有些個體幾乎沒有鋸齒。而大顎很長，長得有點像巴拉望巨扁，貌似很會爆擊，但是其實對馬扁相較於其它扁鍬，倒是沒那麼兇狠。

個性穩重，逃命時也不會像大鍬一樣拔足狂奔；像是個把槍藏在西裝暗袋的特務，扁鍬界的零零七。

## 成蟲飼育

對馬扁成蟲非常好養，不怕冷、不怕熱，吃不多又長壽。天氣冷的時候會睡比較久，但偶爾還是會上來吃東西，不知道是不會冬眠？還是台灣太熱不到冬眠的溫度？

雖然我前面提到對馬扁是紳士蟲，不過那只是跟其他扁來比，要是一直去挑釁他還是會被狠夾一頓的。畢竟就算是最溫柔的扁鍬還是扁鍬，手指被夾爆還是小事，要是母蟲被夾爆了就麻煩了，冷門蟲可是經不起任何折損的啊！

## 對馬扁的一生

## 牛頭扁鍬形蟲

日文名稱：ダイオウヒラタクワガタ
學　　名：*Dorcus bucephalus*
產　　地：印尼爪哇島
飼育難度：★☆☆☆☆
繁殖難度：★★★☆☆
成蟲壽命：約 1 年〜2 年
成蟲大小：♂：35〜91mm
　　　　　♀：34〜56mm
幼 蟲 期：♂：5〜12 月
　　　　　♀：4〜6 個月
溫　　控：建議（攝氏 20〜26 度）

## 聊聊牛頭扁

牛頭扁是我很久很久以前就養過的
蟲，斷斷續續的養了好幾代，當初
黑蟲倉庫剛創立時，手上正好是這
隻50mm的牛頭扁，於是就拿來做
成首頁的圖，成為黑蟲倉庫的招牌
蟲之一。

牛頭扁是隻非常受歡迎的蟲，產地
在印尼的爪哇島。爪哇島是超大的一個島，排名世界第十三，上面一大堆
人和一大堆火山，人口密度超高，印尼首都雅加達也在上面。

牛頭扁住在中高海拔山區，他對人的原則就是全部夾爆。沒錯！就是全部夾爆！他可以用他那又寬又短又粗還往內彎的大牛角直接夾爆敵蟲、母蟲或是你手指。威力跟老虎鉗還是指甲剪沒什麼差別！

我認為牛頭扁是世界上夾人最痛的鍬形蟲，沒有之一！把玩時絕對不要被他夾到，身心都會留下創傷的！由於是中高海拔的蟲，所以其實牛頭扁很怕熱。成蟲還好但幼蟲在台灣夏天，沒有溫控的狀況下用菌養幾乎是必死。我當時在屏東養，天氣真的熱，所以養出來的牛頭扁普遍都不大隻，頂多就是6公分多一點點，還好胡老師支援我一堆大傢伙的照片，才有辦法順利完成這一章。

## 牛頭扁照片

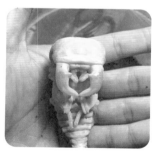

牛頭扁因為有著絕倫的戰鬥力，在日本的名字是「ダイオウ」，寫成漢字就是「大王」而學名bucephalus則是來自征服王亞歷山大的戰馬，這隻叫做牛頭的帥氣黑馬可是希臘羅馬故事中最屌的一匹馬，與主人東征西討，打爆整個歐洲與小亞細亞，卻一生未嘗敗績。

## 泰坦尼扁鍬形蟲

日文名稱：デタニヒラタクワガタ
學　　名：*Dorcus detanii*
產　　地：印尼　塔利亞布島
飼育難度：★☆☆☆☆
繁殖難度：★☆☆☆☆
成蟲壽命：1 年～2 年
成蟲大小：♂：27～57mm
　　　　　♀：22～40mm
幼 蟲 期：4～10 個月
溫　　控：不需

## 聊聊泰坦尼

講完一些大傢伙了，接著介紹一些扁鍬家族中較可愛的成員吧。這隻是泰坦尼扁，我在2015的年初時在甲蟲部落福袋抽到一對幼蟲。當時冷門到完全沒聽過，網路查也沒什麼資料，只好先用台扁的養法養看看。

幼蟲我先用菌瓶養，第一罐用鮑魚菌，吃了3個月，表面看不到食痕，當時還以為死了，破瓶後發現幼蟲不但還活著，大小也肥了一圈，於是塞進第二瓶，結果竟然把蟲忘在老家的櫃子！

就這樣，直到8月回到屏東才發現這件事，菌瓶早已不知發了幾次菇，外表看來也變成木屑一樣的深色。本來以為「死定啦！」沒想到一挖……竟然在幾乎已變成泥狀的菌塊中挖到顆黃澄澄的蛹！看來泰坦尼也是個狠角色，生存力不下台扁啊！

從外表來看，泰坦尼算是中型的扁鍬，有著像鳥嘴似的牙與寬闊的軀體。如同大部分的扁鍬一樣，脾氣不太好，鞘翅邊緣、腹部、腳，都帶著明顯的酒紅色。

母蟲除了表面光滑，反光明顯，但是邊緣都有明顯刻點，整體呈現出暗紅色（跗節超短，短到我還以為不知道什麼時候弄斷了）。

## 金牛扁鍬形蟲

日文名稱：タウルスヒラタクワガタ
學　　名：*Dorcus taurus*
產　　地：馬來半島、印尼、菲律賓
飼育難度：★☆☆☆☆
繁殖難度：★☆☆☆☆
成蟲壽命：1 年～ 2 年
成蟲大小：♂：30 ～ 67mm
　　　　　♀：21 ～ 30mm
幼 蟲 期：4 ～ 10 個月
溫　　控：不需

## 聊聊金牛扁

金牛扁主要分布在印尼與菲律賓，在當地的地位跟台扁差不多。

都是：

1 到處都抓的到。
2 隨便養都會活。

而金牛扁最大的特色就是大顎有兩把「黃金牙刷」很可愛的！

由於生命力強，分布區域廣泛，所以亞種也不少。但儘管好抓好生，但其實沒有很多人玩，算是「雖不熱門，但不至於買不到」的一隻小黑蟲。

公蟲體長一般都在 4～5 公分之間，超過 5 公分就算大型個體。這隻是 39mm 的短牙。

這隻則是 42mm 的中牙。

至於母蟲，長得比一般的扁鍬更橢圓一點，不像公蟲粗糙又消光，母蟲則是非常光滑又有光澤。

最常出長牙的亞種為婆羅洲的 S 亞種 *D.t.subtaurus*。

## 寬扁鍬形蟲

日文名稱：アルキデスヒラタクワガタ
學　　名：*Dorcus alcides*
產　　地：印尼蘇門答臘
飼育難度：★★★☆☆
繁殖難度：★★★★☆
成蟲壽命：1 年～2 年
成蟲大小：♂：32 ～ 98mm
　　　　　♀：21 ～ 50mm
幼 蟲 期：10 ～ 14 個月
溫　　控：建議

## 聊聊寬扁

寬扁是北蘇門答臘海拔1500公尺的高山上才有的鍬形蟲，很怕熱，很兇，而且是少數短牙型比長牙型受歡迎的鍬形蟲。

因為身形真的很寬，短牙型看起來很像一把鉗子，在視覺上還比長牙型更有衝擊性，而且很重，拿在手上份量十足！

飼育上跟牛頭扁一樣，都是容易爆母、又怕熱的蟲，不過幼蟲期長一點點，從孵化到羽化通常至少要一年的時間。

## 平頭大鍬形蟲

日文名稱：ミワヒラタクワガタ
學　　名：*Dorcus miwai*
產　　地：台灣
飼育難度：★★☆☆☆
繁殖難度：★★★☆☆
成蟲壽命：約一年半
成蟲大小：♂：22〜71mm
　　　　　♀：25〜37mm
幼　蟲　期：8〜16個月
溫　　控：建議

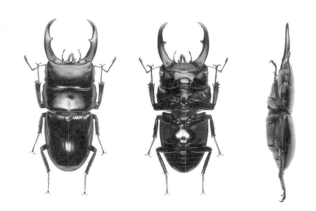

## 聊聊平頭大鍬

平頭大鍬是一隻在台灣不難見到的中型黑蟲，雖然台灣叫他大鍬，但在日本，以及分類上扁鍬比較適合。雖然明明沒理平頭卻被叫成平頭大鍬很奇怪，不過因為齒突往內，所以從側邊看的確是蠻「平」的......難道是這樣才被叫做「平頭大鍬」嗎？

平頭大鍬主要棲息地台灣的低〜中海拔樹林，算是不難找的蟲。

在野外常見的尺寸大概在3〜5公分，在日本BEKUWA 2020年紀錄是71.7mm。

公蟲黑黑扁扁，霧面黑。加上細長的大顎，內部還有個小小的齒突。

母蟲背部非常光亮，前胸背板的中間有刻點。鞘翅的紋路非常深，紋路內有很粗的大刻點，野外抓到的常常會因為卡泥巴而變成咖啡色的。

## 成蟲飼育

平頭大鍬算是很溫馴的蟲，咬人不太痛，齒突也不會暴擊。而且很會裝死。

在天氣熱的時候會一副懶洋洋的樣子，但是也不至於會死掉。成蟲壽命差不多一年到兩年，蟄伏期跟成熟期都比一般大鍬長一點點，大概要等羽化三個月後才會成熟。總之，成蟲算是很好照顧，只要不要太熱太悶都不會出什麼問題。但繁殖上，並不算簡單，產卵數較少，而且產房要溫度控制，不然母蟲會罷工，適合有點經驗的飼育家。

### 小故事：三輪勇四郎

雖然我們把它叫做「大鍬形蟲」，但因為身體很扁，所以其實在日本人的分類中，他被劃在「扁鍬形蟲」的分類裡面。日文有個好聽的名字叫「三輪平鍬形」也就是「三輪扁鍬形蟲」。這名字為了紀念昆蟲學家三輪勇四郎先生（1903～1999）。

要知道「養甲蟲」在這世界上，算是一個非常冷門的興趣，但是台灣卻有相當優秀的養蟲環境與技術！這一切都要感謝三輪先生。要是沒有他，台灣蟲界大概不會如此興盛。

三輪勇四郎在1928年來到「台北帝國大學理農學部」當教授（現在的台大啦），在台灣研究昆蟲18年，發表過無數著作與報告，指導出無數昆蟲專家，而他在台灣的第一份報告，就是關於甲蟲的研究報告。而台灣第一本昆蟲圖鑑《台灣昆蟲目錄》就是他的著作。日本第一本甲蟲圖鑑《日本甲蟲分類學》的作者也是他喔！

他在台灣總督府任職期間，因為對害蟲與農藥的研究，讓台灣有了對「生物防治」與「化學防治」的觀念，間接提高了台灣農業產量與品質。甚至在1945年二戰結束後，還為了學生以及資料的交接，繼續留任「台灣省農業試驗所」當主任技師。

今天，台灣有40種以上的昆蟲冠上三輪先生的名字，有近百種昆蟲是由三輪勇四郎先生所發表。所以「Miwa」這名字，對台灣蟲界意義非凡、貢獻深遠無可取代。

# 鋸鍬形蟲

擁有鋸齒狀的大顎的鋸鍬形蟲，不但有著華麗的大夾子，還有許多鋸鍬同時有著五顏六色的外殼，如果想要追求多元與變化，鋸鍬就是飼育家最好的選擇！

## 兩點赤鋸鍬形蟲

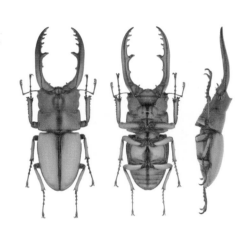

日文名稱：フタテンアカクワガタ、アスタコイデスノコギリクワガタ
學　　名：*Prosopocoilus astacoides blanchardi*
產　　地：台灣、中國蒙古、韓國
飼育難度：★☆☆☆☆
繁殖難度：★☆☆☆☆
成蟲壽命：3～10個月
成蟲大小：♂ 22～70mm　♀ 18～36mm
幼 蟲 期：♂ 6～12個月　♀ 4～10個月
溫　　控：不需

## 聊聊兩點赤

兩點赤大概是台灣第二常見的鍬，僅次於台扁。但飼養起來也許比扁鍬更有趣一點，是我還是學生的時候非常喜愛的一隻鍬形蟲！

兩點赤顏色多變，從淺黃到金黃甚至深到褐色的個體都有，也有很帥氣的黑化型，但不常見。唯一不變的，是公母蟲在前胸背板上都有兩個圓圓的斑點，所以才被取名成「兩點赤」（フタテンアカ）。

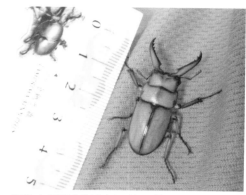

兩點赤成蟲的壽命不長，通常活不過冬天，儘管夾子威力不強，但一樣不建議混養。

兩點赤真要分類的話，算是「比較兇」的那一類。鋸鍬的夾力沒有大鍬、扁鍬來得強，但因為鋸齒又多又尖，被夾到很容易見血。通常鋸鍬的個體差異很大，不同體型的樣貌完全不同，例如體型較小的小剪刀長這樣。

CHECK POINT

鋸鍬通常裝甲也比較薄，野外個體常因打架導致身上一堆洞或崩牙，加上鞘翅容易出油變色，所以想要完美個體做標本的，自己養會比去野外抓來得簡單。

## 交配與繁殖

兩點赤的產房布置方式，基本上也適用大部分的鋸鍬。使用輕度發酵的木屑，如果是微粒的更好，底層3公分左右用力壓緊，上層則是稍微壓一下就好。不放產木也有可能讓母蟲下蛋，但想要追求穩定跟產量的話，一根濕度適中的偏軟產木是必需的。另外，鋸鍬母蟲的大顎比較弱，母蟲大多無法直接直接挖條隧道進產木裡，

所以與其準備一根又大又粗的，不如多準備幾根小的來得好。兩點赤壽命短，成熟期也短，羽化過蟄伏完就可以交配了，大一點的公蟲建議多放1個月再配，會讓它們的房事較順利進行。但是公蟲比較兇，所以不能直接把公蟲放到母的身上，建議是用小盒子或木頭讓他們彼此自然相遇。

產房只要把木屑壓實就會生，塞些碎木塊或是產木可以大幅提高產量，一般來說可以生30～70隻。木屑從輕度發酵到深色木屑都可以，至於濕度，普通就好。

我曾經用剝剩的產木片、廢菌以及空糖果罐子隨便弄弄，就把野生母蟲投下去。

放兩個多月後，就看到已經被咬得坑坑洞洞了。

因為產木本來就是又老又軟的狀態，所以很好拆，輕輕一剝就看到兩隻 L2 幼蟲。

## 幼蟲飼育

幼蟲很好養，不挑食，產木、輕度發酵木屑、多次發酵木屑、菌瓶全部都吃，只要不是泥狀的腐植土或是生木屑就好。食量可大可小，甚至一杯140cc布丁杯都可以從L1直接養到羽化！甚至還出了40mm長牙！實在是很神！

但如果對蟲大小還有點期待，建議還是不要省，提供個1000cc左右的木屑量吧！我是用250cc的布丁杯先養3個月，然後後換成1000cc的方盒一罐到底，這種養法不論用哪個牌子的木屑都可以很穩定的養出50mm+的長牙。

溫度不挑，在屏東用木屑一樣可以順利長大。如果有溫控，用菌瓶隨隨便便養都能超過60mm，不過因為幼蟲期大概6～8個月，只用一罐的話，常常會因為菌太老或出水，導致蛹室狀況不佳，羽化容易失敗。但要換瓶...又會覺得成本提高很不划算（因為兩點赤很便宜，野生大型個體又好抓）。

這邊是建議養蟲不要省小錢，不要在成本上一直計較，也不要把生命當成商品計算其價值，耗材該換的時候就要換，能給阿蟲好的環境就盡量給吧！我的好朋友羊羊，她的白羊工作室一天到晚都出一堆怪物級鋸鍬，我去問她祕訣到底是什麼，結果她跟我說：

「欸...其實用大空間的箱子養就會有出奇的效果」

「我一開始就用500cc的杯子養L1」

「L3後用1500cc以上去養，全程溫控攝氏22度以下」

CHECK POINT

如果國產的覺得養膩了，也可以試試國外的血紅兩點赤，單單換個配色而已，整個氣質都不一樣，名字跟外型也都很帥喔！

# 三點赤鋸鍬形蟲

日文名稱：オキピタリスノコギリクワガタ
學　　名：*Prosopocoilus occipitalis*
產　　地：印尼、菲律賓、馬來西亞
飼育難度：★☆☆☆☆
繁殖難度：★☆☆☆☆
成蟲壽命：4～6個月
成蟲大小：♂ 25～57mm　♀ 19～30mm
幼　蟲　期：4～8個月
溫　　控：不需

## 聊聊三點赤

『三點赤？是兩點赤吧？』很多人聽到三點赤可能都會有這種反應，不過真的有一種鍬名字叫做「三點赤」喔！

儘管在台灣是非常冷門的小蟲，但其實分布範圍很廣，中南半島、印尼、馬來西亞、菲律賓都有分布。

在台灣，三點赤雖然很少人玩，但是因為好生好養，所以價錢平易近人，就算是長牙型也是一張小朋友有找，想養的話，看到有人釋出可別猶豫！

## 成蟲飼育

基本養法跟兩點赤一樣。成蟲不怕熱，至於怕不怕冷......似乎是不要到下雪的程度都扛的住。公蟲個性溫和，大顎殺傷力低，很少聽說有弄死母蟲的，所以交配上也不會太難。

壽命的話……通常可以活個4個月到半年，對幼蟲期也是4個月到半年的品種來說，CP值也不算差啦！我在2015時順手跟昆蟲論壇的蟲友買了一對CB繁殖組：公蟲跟母蟲都沒超過3公分，很可愛，短牙型的有點像是迷你黃金鬼（而且是色違！）

母蟲胸背板上上的「第三點」
每隻都不太樣，有的只有一個
小點，有的是小方塊，甚至也
有愛心的！

這一代生了30隻左右的幼蟲，
留了10隻，最後出了9公1母
……本來以為是運氣不好，不
過在日本網站查了查別人的心
得後，發現這種蟲好像蠻常出
現極端公母比例的，所以想累
代的朋友，記得自己要多留幾
隻嘿！

長牙型的外型跟短牙型的外型
差很多！除了體型與大顎的
差異以外，還會出現明顯的稜
突（類似台灣雞冠細身赤的變
化）。

前蛹期、蛹期、蟄伏期各約三個禮拜。成蟲食量不大，半顆果凍可以吃到發霉還沒吃完。飛行能力不賴，把玩與外拍時小心被飛走！

產房用微粒的木屑用力壓緊就會生，濕度正常就好，但要確實提高成功率跟產量，一根軟軟的產木是必要的，母蟲會在表面挖小洞然後轉身產卵，產量約在30～60之間。幼蟲很小隻，而且木屑跟木頭都會生，開挖的時候小心一點。

幼蟲期很短，不論公母都會在3～4個月左右開始做蛹室，食性很廣，但養出來的大小卻不好掌握，就算用很好的木屑或是給他吃菌，也很有可能因為營養充分而提早化蛹成小型個體。羽化的時候像顆茶葉蛋。

食量很小，真的很小！1000cc
方盒一次養三隻沒問題！不計
大小的話，100cc布丁杯就夠
養到羽化。

但老樣子，要養大蟲的話，一
定要勤換耗材加上大空間！

我只有養出短牙跟長牙
的，胡老師則是有中牙型
的，加起來剛好湊齊整套
照片！

## 高砂鋸鍬形蟲

日文名稱：タカサゴノコギリクワガタ
學　　名：*Prosopocoilus motschulskii*
產　　地：台灣
飼育難度：★☆☆☆☆
繁殖難度：★☆☆☆☆
成蟲壽命：3〜6個月
成蟲大小：♂：25〜67mm
　　　　　♀：23〜39mm
幼蟲期：約8〜10個月
溫　　控：非必需

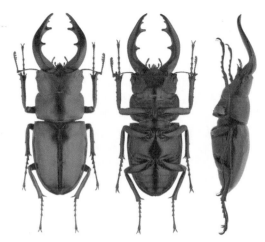

## 聊聊高砂鋸

高砂鋸，應該是台灣國產四種鋸齒鍬形蟲中最有人氣的一隻。

漆黑中略帶酒紅的粗壯軀幹，配上又彎又粗的華麗大顎，確實擄獲了不少飼育家的心。

雖然高砂鋸與日本鋸（*Prosopocoilus inclinatus*）家族看起來非常相像，但是我們的高砂鋸被分類成台灣特有種，大小輸日本鋸一點點，但是那是因為我們家的高砂鋸大顎比較彎…要是能伸直的話，肯定是不會輸的啦！但是我們家的高砂鋸完全沒有日本鋸最讓人頭痛的「愛睡問題」，該起床的時候就準時起床，保證不賴床（日本鋸的蟄伏期可長達一年以上）！

高砂鋸在野外有很穩定的族群，台灣北、中、南部都有捕獲紀錄，但主要是以中部、北部低海拔山區為主，6〜8月蟲季時，可以多注意一下路燈，也許可以撿個幾隻。

母蟲很好辨認，圓圓胖胖的。

日本鋸，是日本分布廣泛的鋸鍬，在日本本土的又稱本島鋸。

但日本各個離島上的鋸鍬家族，被分類為 *Prosopocoilus dissimilis* 最大隻的是奄美大島的奄美鋸82.1mm（2017）。

大部分的日本鋸養法都跟高砂鋸一樣，但是日本鋸只會在每年的4月～7月甦醒，也就是說，沒趕上這個時間起床的蟲，就會繼續蟄伏，直接睡到明年。這是養日本鋸最難的地方，蟄伏管理沒做好，常常就是直接睡死。

## 成蟲飼育

成蟲不太怕熱，至於怕不怕冷就很難說了。畢竟鋸鍬的壽命是短了一點，大部分的高砂鋸都會在寒流來之前死去。高砂鋸大小個體的外觀差異很大。

32mm 的小型個體。

這隻則是 52mm 的大型個體（通常只要能長到 45mm 以上，就會有漂亮的牙型）。

## 高砂鋸的交配

高砂鋸的成熟期很快，成蟲開始大吃果凍就有辦法交配。成蟲不算兇，也不會很好動，又很好色，所以一般而言可以順利交配，也不用怕爆母。

只要公蟲不是處在警戒狀態，把母蟲推到公蟲的觸角或口器下，很快的公蟲就會上前開始調情了！

公蟲會用身體與大顎壓制住母蟲，交配一次大概5～20分鐘。然後休息一下後再來一次，持續時間可能會超過兩個小時。

## 高砂鋸的產房布置

產房布置也非常簡單，只要木屑壓實，配點木塊就會爆產了。鋸鍬偏好較腐朽的木屑，甚至用紅兜土都沒問題，就算是輕度發酵的木屑也可以用。如果能配上軟產木的話，產量會大幅提高。

產房放個一個多月倒出來就可以看到卵。健康的母蟲一生大概可以產下20～60顆的卵，數量取決於產卵環境的大小、品質與母蟲的體力。一般而言2～3個禮拜就會孵化了。

## 幼蟲

幼蟲不溫控也能養出長角型的個體，所以很適合當初學者的鋸鍬入門蟲（不過在溫控環境下成長的幼蟲會更容易成為大型個體喔）！

L3幼蟲可以用500cc的塑膠碗直接一瓶到底，但是如果想養出大型個體的話，就不能太馬虎，建議產房木屑就使用較好的木屑。並且讓母蟲生一個月後移出，再放三個禮拜後開挖（這時母蟲可以放到另一個產房讓她繼續再生一輪，持續生產的母蟲壽命差不多2～3個月左右）。挖出的L1幼蟲可以先用一杯250cc或500cc養兩個月，直到L3之後分出公母，公蟲可以用1000cc方盒一罐到底；母蟲可以用500cc一罐到底。

幼蟲吃菌也OK，不論是鮑魚、秀珍還是雲芝都吃。但是！鋸鍬比較喜歡吃老一點的菌瓶，而且有機率出現不吃菌的個體。幼蟲一拒食，不死也半條命 ，所以投菌前可以先丟幾個菌塊，看他啃不啃。或是把菌瓶挖掉1/4，放入本來的木屑，如果死都不願意鑽下去吃的話再換回來用木屑養吧！

## 化蛹與羽化

高砂鋸從L1開始算最快大概半年化蛹，一般來説是7～8個月左右。高砂鋸的蛹室常常看起來像是亂挖一通，不但形狀莫名其妙，構造也比較脆弱，要是木屑有很多跳蟲、白線蟲、蚯蚓跟蟎之類的雜蟲，建議還是要用人工蛹室。

前蛹跟蛹期差不多都是3個禮拜,快羽化時會看到尾部蛹皮變皺開始排水。

大型個體羽化的時候會先折牙,第一次看到真的是嚇死了,以為辛苦養一整年卻羽化失敗了。

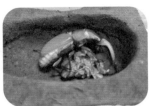

等到翅膀一收好就會自己把大顎凹回來。

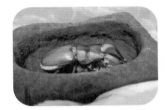

然後把腹部收進鞘翅下。

雖然剛羽化完能不要去碰就不要去碰,不過我這時還是忍不住先來量一下尺寸!

蟄伏期差不多是一個半月,過程打擾越少越好,等到自己爬出來在盒邊抓抓抓的時候再餵果凍就好!

CHECK POINT

BEKUWA紀錄上的高砂鋸是台灣AK's beetle shop養出來的,黑蟲倉庫從用了它們家的AK木屑後,一試成主顧,這次特別跟AK的志穎借紀錄蟲(67mm)給大家看看:

# 長頸鹿鋸鍬形蟲

日文名稱：ギラファノコギリクワガタ
學　　名：*Prosopocoilus giraffa*
產　　地：印尼、印度、緬甸、中南半島、
　　　　　菲律賓
飼育難度：★☆☆☆☆
繁殖難度：★★☆☆☆
成蟲壽命：約 6 個月～ 1 年
成蟲大小：♂ 33 ～ 121mm　♀ 34 ～ 60mm
幼 蟲 期：♂：8 ～ 12 月　♀：5 ～ 8 個月
溫　　控：非必需

## 聊聊長頸鹿鋸

長頸鹿鋸應該是鋸鍬形蟲裡面最具代表性的一隻了！他同時也是世界最長的鍬形蟲，最大型的亞種 *Prosopocoilus giraffa keisukei* ，簡稱PGK，最大隻的紀錄是121mm！！！修長的大顎連對甲蟲沒有興趣的人都會多看兩眼。

## 成蟲飼育

PGK成蟲不怕熱、不怕冷，只要保持通風就可以過著開心的生活。算是長

壽的鋸鍬，都可以活超過半年，吃好住好的活過一年不是問題。

飼養PGK成蟲最需要注意的是空間與餌食。雖然超長的大顎看起來超帥，但是從日常生活、交配跟吃飯的角度來看，實在是智障到有剩。箱子裡面除了要有攀抓物防跌倒以外，還要確定有沒有會卡住他大顎的東西。而餵食時，如果只是把果凍整顆丟給他，PGK只能舔到最上面幾口，之後的全部吃不到，所以飼養PGK一定要配合切半果凍、大型果凍（或餵水果）。

## 交配與繁殖

繁殖與飼養PGK其實非常有趣！這篇主角是剛好100mm的大傢伙：但其實他老爸是蟲店特賣的小小蟲，只有40mm出頭，只看身體的部分，還比他老婆小隻，他還有幾位兄弟是中牙型的：

大部分的鍬形蟲依照個體的大小不同，可以分成短牙型、中牙型與長牙型。但長頸鹿還多一個「超長牙型」只要成為特大個體，長牙尖端會多一道曲線，出現招牌的「問號型」大顎。

PGK是很會生的品種，但麻煩的點都在交配上。第一個會遇到的問題是，PGK進食之後，要2～4個月才會到成熟期，但是他進食後就可以交配！什麼意思？意思是他會跑去督母蟲，但是母蟲會生一堆空包蛋，所以一定要有耐心，公蟲羽化完至少放個三個月再讓他去找母蟲約會吧！

第二個會遇到的問題是，交配會花很多時間。因為公蟲與母蟲體型差很多，大顎又長，使得公蟲交配的時候根本看不到母蟲，下半身亂督一通督半天督不到。不過這點不至於太麻煩，只要箱子夠大不要卡到，給他時間總會督到的！怕只怕公蟲督不到惱羞開始家暴母蟲（別看大顎很長就覺得沒什麼力，PGK弄死母蟲的例子並不少見）。

如果成功交配到，母蟲就可以投產了。PGK從輕度發酵木屑到腐植土都可以生。有很多心得是說：用細顆粒的木屑用力壓實就能爆產了。然後配上軟的產木產量會大幅增加！我用L箱＋紅包土＋中根軟楓香，結果一輪就給我生了60隻！

產木被咬的亂七八糟。

倒出來就可以看到幼蟲跟卵，通常健康的母蟲可以生下 40 ～ 100 顆的卵，生到你叫不敢！

## 幼蟲飼育

幼蟲食性很廣,從產木吃到腐植土都可以,不過根據資料,「高度發酵木屑」與「有一點老的菌」是最適合的食材。PGK不用溫控也能養,也有不溫控出長牙型的例子,但溫度控制會更有效率養出大蟲。我這一批由於產房的幼蟲密度很大,所以一挖出來就先分裝。

在交流掉大部分的幼蟲後,大部分都已經L2了。於是開始這批PGK的飼養,途中還順便嘗試了不同的養法、試了不同的添加劑。

不過混養+沒溫控+產木屑出來都是小傢伙。

用較好木屑的組別,零星出現中牙與長牙型。

但表現最好的還是吃菌的。幾乎所有吃菌的都出長牙型。

由於很多人説菌瓶放直的空間不夠超大個體做蛹室，所以建議最後幾罐都橫放來養（但橫放的菌瓶一定要做好「此面朝上」的記號以及防滾裝置。）。

吃菌+溫控的個體養了差不多8個月作蛹室，比吃木屑的都還要快一個月以上！這是丟進人工蛹室的前蛹。

然後沒多久就變成一顆果凍。

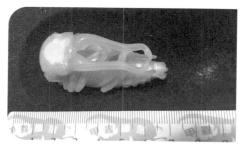

快羽化的蛹長這樣，差不多3～4個禮拜。

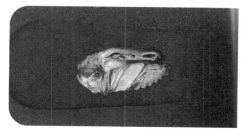

雖然很多長牙型的鍬都會折牙，但沒有任何一隻會像長牙PGK讓主人那麼擔心受怕。

登愣！長牙100mm PGK颯爽登場！

最後做個結論吧！我認為長頸鹿鋸是每個飼育家必養的甲蟲。有的人會認為他是菜市場蟲，廉價又常見。但我認為一名甲蟲飼育家，該重視的不應該只有甲蟲的價格而已。長頸鹿的養法、型態、亞種跟變化都相當多樣，養起來過程也十分有趣，養出超大個體時更是充滿成就感。

而且，這是世界最大的鍬形蟲欸，沒養過怎麼能自稱自己是菁英甲蟲飼育師呢？

講到長頸鹿鋸，喜歡這系列的飼育家，常常也會養孔夫子鋸（*Prosopocoilus confucius*）。孔夫子鋸來自中國，最長可以長到106mm，是中國最大隻的鍬，中小型個體跟長頸鹿鋸非常相似，但最大型個體就長不一樣了，不像長頸鹿的牙會開始彎，孔夫子的牙會繼續筆直延伸，就像兩把長劍一樣。養法大致上跟長頸鹿一樣，但什麼都難一點點，溫度也要再低一點點，個人經驗是吃AK木屑還比用菌來得大。

# 直顎側紋鋸鍬形蟲

日文名稱：フルストルファーノコギリクワガタ
學　　名：*Prosopocoilus fruhstorferi*
產　　地：印尼
飼育難度：★★☆☆☆
繁殖難度：★★☆☆☆
成蟲壽命：半年～一年
成蟲大小：♂ 34.8～70.1mm
　　　　　♀ 24～30.4mm
幼 蟲 期：4～7個月
溫　　控：建議

## 聊聊直顎側紋鋸

接著介紹一隻精緻的小型鋸鍬：直顎側紋鋸。相信大家一看照片就知道「直顎」、「側紋」的名字是怎麼來的吧？這篇介紹的是龍目島的原名亞種，簡稱PFF。

## 成蟲飼養

PFF的成蟲很好養，壽命也長，通常有半年以上，甚至到一年半。很膽小，平常時喜歡躲起來，但只要一感到危險，就會用超快的速度作旋風衝鋒，根本過動兒，拍照超難拍，而且說飛就飛，把玩時千萬要小心別被飛走了。

溫度上，大部分的資料都說不用溫控也可以，但我在屏東不溫控的情況下死一堆，所以對於溫度還是不要太過掉以輕心。

## 交配

因為PFF這種蟲很怕生，所以比較難看到阿蟲嘿咻的過程。所幸是公蟲的夾子沒什麼殺傷力，所以可以直接把公蟲母蟲一起丟產房。等看到母蟲咬木頭，或是箱底看到蛋時，再移出公蟲就好。我去年在昆蟲論壇用超便宜價錢購入一對CB小夫妻，母蟲還比公蟲大！

不過小歸小，把妹技術倒是一流！放在250cc杯竟然一下就交配起來了！

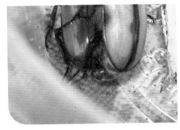

## 產房

PFF也很好生，木屑壓實就會生。產房大小會影響到卵的數量，所以想要爆產建議用L以上的飼育箱，濕度可以稍微濕一點，木屑用輕度發酵的。

大一點的產房通常可以收超過50隻幼蟲，爆產甚至可以到80隻。

幼蟲可以吃菌也可以吃木屑，大約兩杯250cc杯就可以養到羽化。

公幼大概4～6個月作蛹室；母幼大概2～4個月。蟄伏期大概一個半月。天氣冷的話，幼蟲期跟蟄伏期都會再延長，最長據說會到半年。

許多鋸鍬又被稱為色鋸，因為顏色很多變，礙於篇幅不足，而且我是專攻黑蟲的，所以沒辦法一一介紹，推薦一個我專攻色鋸的朋友Vicky的網站與FB專頁：RainbowSaw，裡面會有大量珍貴的鋸鍬資料跟圖片喔！

拉法鐵鋸鍬（*Prosopocoilus lafertei*）

黃紋鋸（*Prosopocoilus biplagiatus*）

薩維奇鋸（*Prosopocoilus savagei*）

螃蟹鋸（*Prosopccoilus kannegieteri*）

# 細身鍬形蟲（Cyclommatus 屬）

想找鍬形蟲中大顎比例最誇張的蟲嗎？想找色澤最像金屬的鍬形蟲嗎？那就是細身鍬形蟲啦！

## 雞冠細身赤鍬形蟲

日文名稱：トサカホソアカクワガタ
學　　名：*Cyclommatus mniszechi*
產　　地：台灣
飼育難度：★☆☆☆☆
繁殖難度：★★☆☆☆
成蟲壽命：3 ～ 6 個月
成蟲大小：♂：25 ～ 62mm
　　　　　♀：18 ～ 26mm
幼　蟲　期：約 6 ～ 10 個月
溫　　控：非必需

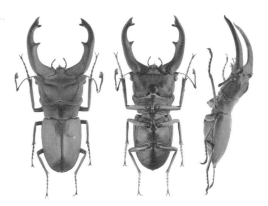

## 聊聊雞冠

雞冠細身赤鍬形蟲，綽號「雞冠」。是台灣細身三劍客中最大也最好養的一隻，身材小巧玲瓏，外表特殊有型，齒型多變又容易入手：

中型個體的雞冠會明顯變小，而齒突位置也會完全不一樣。右圖這隻是41mm的中型個體。

如果再小隻一點，雞冠就會完全消失，變成可愛的小剪刀，像是右圖這隻是32mm的小型個體。

很久以前的雞冠可是相當高貴的阿蟲，是要幾張千鈔才能帶出場的珍品。但現在這隻帥氣小蟲已經跌到非常親民了，去夜市吃個牛排都比較貴。當時我心想「先買個一對回家，圓個兒時夢想」，一投產完就理解為何價錢會跌成這樣了！

「實在是太好生了吧這蟲！」一根軟軟產木配上一包便宜的大肥豬5L木屑，一個暑假竟然就生了108隻幼蟲，嚇死我了！

## 成蟲飼育

成蟲還算健壯，非常好戰，所以不要混養。喜歡偏濕一點的環境，然後很會飛，所以蓋子要蓋緊。食量很小，對半果凍常常吃到發黴還吃不完，不過為了蟲好，有味道出來的時候還是把他換掉吧！

## 交配

成蟲大概在大量進食後約3個禮拜成熟。公蟲很愛找人打架，所以交配上會遇到一點點麻煩，先將公蟲放進容器等到完全冷靜後才能放母蟲，不然公蟲就會把母揍一頓。大型個體的內齒很尖，一不小心就會把母蟲弄死。

我的這對在箱子裡只會打架，結果要抓出來時卻在我手上交配？害我維持這個姿勢半小時，手超級痠。

## 產房布置

母蟲似乎對產房的木屑不太挑，輕度發酵到兜土都生。但根據收集來的資料，似乎是使用「多次發酵，顏色偏深」的「微粒子木屑」較好。雖然用輕度發酵的粗顆粒木屑也會生，但是採卵、開挖幼蟲的時候較容易弄爆它們，對剛出生的L1而言，太生的木屑也不夠營養。

然後就是濕度，據說雞冠細身赤在野外是住在河邊的鍬形蟲。所以產房環境可以比平常要濕一點，木屑濕到握緊會滴水都沒問題。產木放跟不放都會生，有放會生更多，甚至生到你會怕，不過一定要很軟的產木，就算是碎木塊也行，不然母蟲大顎很小也沒什麼力氣，放太硬的產木只會消耗母蟲體力。

卵大概3個禮拜孵化，非常小顆，所以建議還是等移出母蟲一個月以後再開挖產房，不然眼睛會脫窗的。

## 幼蟲飼育

細身屬的幼蟲幾乎都不適合用菌，適合較高發酵的木屑。濕度調回一般即可，不然太濕的環境會造成木屑很快的朽化，然後生一堆雜蟲或長一堆怪菌，嚴重一點會害死蟲。

幼蟲大概從L1開始算，6～7個月後就會開始作蛹室，前蛹期、蛹期、成熟期也差不多都是3個禮拜。可以混養，但不建議。

節省一點的話，幼蟲可以500cc一瓶到底，不過如果想要養出大型個體，得多用點心，所以建議還是要換個幾次木屑。否則木屑放太久都劣化了，空間又小，蟲就會養不大。

## 細身赤鍬形蟲

日文名稱：スキュテラリスホソアカ
　　　　　クワガタ
學　　名：*Cyclommatus scutellaris*
產　　地：台灣
飼育難度：★★☆☆☆
繁殖難度：★★☆☆☆
成蟲壽命：2～5個月
成蟲大小：♂：17～47mm
　　　　　♀：15～23mm
幼蟲期：4～19個月
溫　　控：建議

## 聊聊細身赤

細身赤鍬形蟲，有時候會叫作「細赤」，會在每年蟲季的6～8月出現。是我們台灣的特有種，但是不論國內國外都很冷門。冷門的原因大概是因為壽命短、比較難養又比較怕熱，所以風采被他的好兄弟雞冠細身赤搶光了吧？

如果上網想搜尋他的名字，會發現*Cyclommatus scutellaris Mollenkamp*、*Cyclommatus multidentatus scutellaris*兩種學名，但指的是同一隻蟲，同物異名。

外型上，算是中小型的細身，超過4就算是大型個體了。紅褐色的頭部兩邊有著幾排條紋，而鞘翅是黃色的，還能隱隱約約看到內翅的紋路。相較於其他細身，我覺得細身赤是比較溫和的，而且飛行能力非常好，可以跟金龜一較高下的程度。

## 飼育記錄

細身赤壽命不長，因此成熟的快，大吃果凍就能配了。但因為我手上這對是野生蟲，也許在野外配過了吧？所以就算公蟲有那個意思，母蟲還是一直不斷的逃跑。

試了好幾次都沒辦法交配成功，最後索性將公母一起丟到產房去了。

只要克服溫度，其他就跟一般細身的養法差不多！

除了雞冠細身赤、細身赤以外。台灣的細身屬成員還有一隻艷細身赤鍬形蟲（*Cyclommatus asahinai*）。

跟細身赤養法一樣，外型非常類似，但是從頭型、光澤跟前腳的毛，仔細看是看得出差別的，公蟲的前脛節的毛只有一點（細身赤是一整排），而且顏色比較亮，母蟲的鞘翅外緣也多兩條黑帶，不難分辨。

## 美他力佛細身赤鍬形蟲

日文名稱：メタリフェルホソアカクワガタ
學　　名：*Cyclommatus metallifer*
產　　地：印尼珀倫群島
飼育難度：★☆☆☆
繁殖難度：★★☆☆
成蟲壽命：♂：3～6個月
　　　　　♀：3～5個月
成蟲大小：♂：22～96mm
　　　　　♀：18～30mm
幼 蟲 期：♂：5～10個月
　　　　　♀：2～6個月
溫　　控：非必需

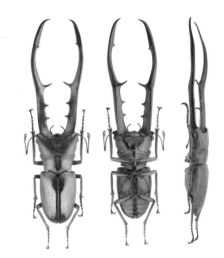

## 聊聊美他 CMF

美他力佛細身赤鍬形蟲，簡稱美他，或是用學名來簡稱，算是細身屬最有名、最受歡迎的蟲，有著誇張比例的大顎，那對夾子常常比身體還長。不但好養，不用溫控也會活，可以養很大隻，顏色多變，還散發出帥氣的金屬光澤，更吸引人的是那極短的幼蟲期。如果快的話，公蟲4個月、母蟲甚至2個月就做蛹室了，別種蟲一年一代，美他一年兩代甚至三代都有可能。

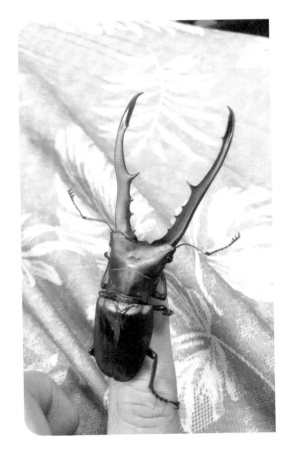

有著強烈金屬光澤的*Cyclommatus metallifer finae*，簡稱CMF，是最常見也最受歡迎的亞種，原因是CMF是最大型的亞種，加上很好繁殖又很會生，價錢也非常平易近人，近年來也有許多血統有不同顏色的表現，例如純黑、紫、藍色等特殊色。

## 美他交配

CMF的繁殖理論上不難，雖然有時候會不明原因的損龜，但大部分的情況都是爆產。

可是CMF有點神經質，有個風吹草動公蟲就可能把母蟲揍一頓，另一方面卻又是浪漫的蟲，公蟲遇到母蟲時會輕輕壓在她身上，用觸角慢慢的調情，保護母蟲吃果凍，等到

公蟲與母蟲有著極誇張的體型差距。

有感覺後才會開始交配，這個過程叫做「護母」從5分鐘到一整天都有可能，而且這種護母的行為交配前跟交配後都會出現，所以要親自確認交配會有點難度。

總之，先把公蟲放入容器，等一陣子冷靜下來後再把母蟲放到他前面，公蟲通常就會上前搭訕，如果能看到交配的話就沒問題，如果沒辦法確認有沒有交配到，就看有沒有護母的現象，別去打擾他們，等一陣子他們分開後通常就配好了。

不然就把公母先丟一起一陣子，通常都配的到，美他大顎雖大，但破壞力沒有很強，像我的母蟲被家暴了好幾次，丟進產房一樣怒生50顆蛋（但是公母同房一定有風險，可能的話還是確認配成就快點讓他們分居）。

## 美他力佛產房布置

CMF喜歡中度發酵到高度發酵的木屑，底部一定要壓緊，木屑容量越大越會生，有產木可以大量增加產量，但產木一定要非常非常軟，不然放些舊的木片或產木塊也可以，如果只有木屑沒有放任何木頭，雖說也是會生，但母蟲會生得很少，甚至罷工。濕度可以偏濕一點，可是不要太誇張。

通常第一個月會生最多，然後隨著活動力降低，產量也跟著降低。第一輪前50天也許可以生個20～40顆蛋，但是之後的兩三個月大概頂多再生個10～20顆，最後總產量差不多會在40上下。卵跟幼蟲都非常非常的小，所以建議移出母蟲兩個月以後再挖產房。

我自己的CMF在不溫控的環境下，最大紀錄差不多就是6公分左右了，要7公分以上的話，應該是沒有溫控養不出來。有一點一定要注意的是，第一輪幼蟲如果公母是同一批的話，很容易因為公蟲太慢羽化，母蟲等不及交配就掛了，所以第一輪可以找一隻公蟲養在小容器裡面，多換幾次木屑（或乾脆不換），讓他可以早點羽化，雖然一定不大隻，但總比斷種來的好。

## 成蟲飼養

成蟲可以在手上把玩，威猛的大顎其實沒什麼力氣，被咬到也不會太痛（除非被齒突刺進肉裡）。

公蟲比較長命，大部分可以活個4個月～半年，母蟲則是3個月左右。如果想挑戰國外的細身，很推薦從CMF來入門喔！

雖然常見的是CMF，但CMS跟CMA也很有特色，附上一張比較圖，從左到右分別是CMS、CMF、CMA。

## 塔蘭杜斯細身赤鍬形蟲

日文名稱：タランドスホソアカクワガタ
學　　名：*Cyclommatus tarandus*
產　　地：婆羅洲、蘇門答臘
飼育難度：★★☆☆☆
繁殖難度：★★☆☆☆
成蟲壽命：6～10 個月
成蟲大小：♂：24～71mm
　　　　　♀：20～27mm
幼 蟲 期：♂：6～10 個月
　　　　　♀：4～9 個月
溫　　控：建議

## 聊聊塔蘭杜斯細身赤

除了大鍬屬的黑蟲以外，我養最多的就是細身（甚至還曾經有一陣子細身養得比大鍬多！）。塔蘭杜斯就是那一陣子養的。

因為名字有點饒口，我都會把塔蘭杜斯簡稱成CT，這樣就不會很難念了啦！

CT大顎有著華麗曲線，身上泛著茶色的金屬光芒，更令人中意的是：CT在細身屬中算是頗長壽的品種。甚至有日本人養超過一年的！

幼蟲期也不會太長，大概半年就一批。雖然對溫度有點要求，但也不像紅鹿、帝王天氣一熱就死給你看。

# 成蟲飼育

簡單來說的話：不論成幼都跟美他力佛
（CMF）養法一樣。不過比較怕熱一
點點就是了。在台灣無溫控飼養一定要
注意通風（此品種適合的溫度約在攝氏
18～28之間）。

母蟲的金屬光澤較為黯淡，茶色的表面
上有許多小小的刻點。

# 交配與繁殖

理論上木屑壓實就會生。母蟲大顎很小，放產木盡量挑軟一點的。我這批因為有一公三母，又懶癌發作，直接全部丟到產房順其自然，最後也生得不錯，一共收穫60隻幼蟲。

幼蟲沒溫控不但可以養，也還養得出長牙型。不過折損率會很高，所以建議還是有溫控裝置再來養CT會比較好。幼蟲吃發酵程度高一點的木屑，一樣不建議菌瓶。

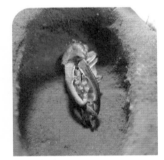

不論公母頭上都一堆毛！

大公蟲的蛹。

前蛹、蛹期不會很長，差不多都是 20 天。可以輕易透過蛹皮從顏色推測羽化日期。

這隻羽化時側身脫蛹皮，而且因為牙很長很礙事，翻身翻得超艱辛的，看得我一身冷汗，還好最後順利羽化！

# 深山鍬形蟲（Lucanus 屬）

## 台灣深山鍬形蟲

日文名稱：タイワンミヤマクワガタ
學　　名：*Lucanus formosanus*
產　　地：台灣
飼育難度：★★☆☆☆
繁殖難度：★★★☆☆
成蟲壽命：2～5個月
成蟲大小：♂ 35～80mm
　　　　　♀ 24～45mm
幼 蟲 期：♂ 14～18個月
　　　　　♀ 12～16個月
溫　　控：必需

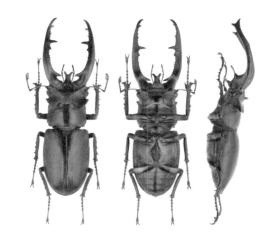

## 聊聊深山

深山鍬形蟲的外型很特殊，頭上兩側有個圓圓的耳突，很像是兔子的耳朵似的，加上尺寸大、比例美、牙型霸氣，相當受飼育家歡迎。

在台灣，深山鍬形蟲的數量與種類都很多，最常見也最有人氣的就是台灣深山、高砂深山這兩種了。尤其台灣深山，台灣北部、中部、南部跟東部的外型有著微妙的差距，加上不同大小的牙型，讓許多收藏家光是台深就可以直接放滿一整個大標本箱！

在投產與繁殖上，深山鍬形蟲就比較麻煩了。交配不會有太大的問題，公蟲很色，大顎的爆擊傷害也不高，只要不在公蟲憤怒的情況下把母蟲丟過去，大多可以順利進行。

布置產房需要較熟的發酵木屑，例如SANKO育成土、AK完熟木屑這類顏色較深的介質，甚至Fujikon紅兜土都可以拿來用。

用一般的濕度來布置產房，底部壓實至少5～10公分厚，產木非必需，大多情況下只要把土壓實就會生，但放一根軟軟的產木是能有效增加產量的，也可以順便當作母蟲的攀抓物。

目前聽起來都不麻煩，但深山顧名思義住在高海拔的山裡，所以對溫度非常挑剔，只要溫度高，成蟲壽命就會短，母蟲也會拒絕生蛋，全程都至少要在攝氏24度以下才能正常養。

也因為都要低溫飼養，所以幼蟲期也會跟著拉長。一般台深從孵化到羽化，往往要接近兩年的時間，所以算是比較進階的一隻蟲，建議技術、時間、空間與器材都準備好的飼育家再來挑戰！

CHECK POINT

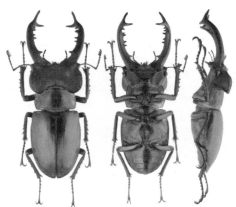

在台灣受歡迎又大型的深山還有一隻，就是高砂深山鍬形蟲（*Lucanus maculifemoratus*），比台深更大一點，最大隻可到85mm，是台灣最大型的深山鍬形蟲。養法跟台深差不多，幼蟲期短一點，快一點10個月就會出了，如果覺得台深一年半太久的話，可以先試試看高砂深山。

## 台灣鹿角鍬形蟲

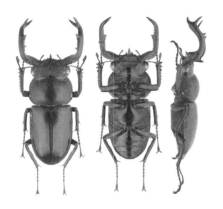

日文名稱：シカクワガタ（タイワン）
學　　名：*Rhaetulus crenatus crenatus*
產　　地：台灣
飼育難度：★☆☆☆☆
繁殖難度：★★☆☆☆
成蟲壽命：6 個月～1 年
成蟲大小：♂：21～61mm
　　　　　♀：20～36mm
幼 蟲 期：約 6～10 個月
溫　　控：不需

## 聊聊台灣鹿角

台灣鹿角，簡稱「鹿角」或「台鹿」，是鹿角屬的代表蟲，有著如同雄鹿一般華麗的大角而得名，雖然不大隻，但很帥。

叫鹿角的蟲很多，不過其實很多並不是鹿角屬的，正港的鹿角目前主要分成三種：

分別是日本的奄美鹿角「*Rhaetulus recticornis*」

馬來西亞的雲頂大鹿角「*Rhaetulus didieri*」

還有我們台灣這種的經典鹿角「*Rhaetulus crenatus*」。

## 成蟲飼育

成蟲是蟲季第一波就會開始出現的鍬，因為是熱門鍬，所以不論是野生品還是飼育品應該都很好入手！價錢也很平易近人。台鹿非常害羞怕生，遇到危險會馬上縮腳裝死，把玩時小心他一直跳樓。

如果對他吹氣或用手指一直戳他，就可以看到「威嚇型態」這狀況時鹿角會張到最大，變身成大螃蟹一樣的姿態作勢夾人，雖然力氣很小，但因為齒突很尖，不小心還是會見血的！

然後是鹿角赫赫有名的「蟑螂衝刺」，台鹿逃跑速度非常快，可能可以角逐台灣速度最快的鍬形蟲冠軍，根本

蟲界的奧運選手！飼育家把玩鹿角時小心不要讓他完成「夾人→跳樓→衝刺到櫃子底下」的combo，不然翻箱倒櫃追它會很麻煩的……

CHECK POINT

### 黃金鹿角

我們台灣的鹿角從頭到腳都是全黑的，不過東南亞的其他親戚，卻是有著黃色紋路的，也被稱為黃金鹿角，除了配色不一樣，尺寸也是大了一點點喔！

## 交配與產房布置

由於鹿角非常怕生與神經質，所以不容易看到交配。我等半天等不到，最後乾脆直接公母一起丟進產房，然後用木屑、樹皮或是水苔把他們埋起來，等到他們感覺安全了，自己會爬出來幽會。

不過投產前先注意一下，鹿角的成熟期比較長一點，大量進食後可能還要等2～3個月才會交配。如果還沒熟的話，兩隻阿蟲只會在箱子裡一起賽跑或一起玩躲貓貓而已。

繁殖鹿角，產木是必要的，木頭最好是偏軟一點比較好，大小不用大沒關係，甚至用木片綁起來也行，母蟲會在表面上挖小洞然後轉身生蛋。產木下的木屑如果有壓實，母蟲也會生，但主要還是生木頭為主。如果能從箱底看到卵、幼蟲，或者母鹿把產木咬得亂七八糟時就可以移出公蟲，以免他在那邊騷擾母蟲。

同時母蟲也很愛吃幼蟲，木屑的幼蟲很容易被母蟲嗑掉，所以最好在投產1個半月左右就取出母蟲，用新的木屑重新布置一個新的產房。母蟲很會生，只要產木品質不要太誇張，大概生個30～70隻沒有問題！

## 幼蟲飼育

鹿角是很容易養出成就感的一種蟲。

當初蟲店老闆跟我說什麼發酵木屑都能養，隨便養隨便活。

我這一批在台北全程無溫控，一隻一杯住套房不混養，用了兩杯600cc 的大塑膠碗養到羽化，就有長牙型的個體了。

能不溫控又用便宜食材養出長角型，感覺真的很棒！不過如果要追求更大的體型，溫控的環境還是比較好，如果要投菌，鹿角其實不太適合，拒食率蠻高的，真的要試的話，建議使用雲芝老菌，但對我這種「先求活再求大」的飼育家而言，還是乖乖的用木屑養比較保險。

幼蟲期算短，快一點的半年就出了，搶越冬的狀況不明顯，一般都是春天的時候作蛹室。

剛羽化完一天，是鹿角蒙面俠。

剛羽化完還在紅通通的時候最好是不要碰他，如果真的是忍不住，一定要很小心，因為鹿角超愛縮腳裝死跳樓，萬一身體還沒變硬之前就摔到的話…凶多吉少啊！

蟄伏期差不多一個月多一點，睡醒前不要吵他，睡飽的蟲才會健康強壯喔！

## 漆黑鹿角鍬形蟲

日文名稱：ザウテルクロツヤシカクワガタ
學　名：*Pseudorhaetus sinicus concolor*
產　地：台灣
飼育難度：★☆☆☆☆
繁殖難度：★★★★★
成蟲壽命：2～6個月
成蟲大小：♂：25～63mm
　　　　　♀：20～28mm
幼 蟲 期：約7～12個月
溫　　控：建議

## 聊聊漆黑鹿角

台灣有兩種鹿角，第二種就是漆黑鹿角鍬形蟲，雖然跟鹿角長得很像，但只要仔細一看，就會發現不論是大顎、體型、習性還是鞘翅顏色都很不一樣。漆黑鹿角最大的特徵就是黑到發亮，跟大黑艷一樣有烤漆般的光澤，個性也比鹿角穩重多了。

漆黑鹿角以前的名字是*Rhaetulus sauteri*，後來跟中國紅腿漆黑鹿角一起被分出來變成*Pseudorhaetus*屬，而漆黑就是台灣特有亞種，只有在台灣中北部才找得到，出現時間大概在7～9月的夜間，雖不常見，但也不到

稀有。成蟲好養，但如果想要繁殖的話，難度非常高。光是母蟲產卵就充滿謎團，根據大家的經驗，母蟲只在軟硬適中的產木表面挖小洞產卵，但是有時不生就是不生。這時該怎麼辦呢？把整個產房倒出來重新丟回去，母蟲

以為換了新環境，有可能就會改變想法，開始生蛋。

幼蟲的飼育看似普通，吃普通的發酵木屑就可以長大了，不過也可以吃有一點老的雲芝菌，用菌可以加快一、兩個月的幼蟲期。

繁殖漆黑鹿角最困難的部分，就在羽化後的蟄伏期，漆黑鹿角的蟄伏期短則兩個月，長則一年。而且，萬一母蟲沒睡飽就結束蟄伏，很可能提早死去，甚至會有「不交配」或是「不產卵」的行為，如果要避免這種窘境發生，就一定要在溫度控制上讓昆蟲感到四季的變化，例如冬天不溫控，春天再慢慢調溫暖。

# 印尼金鍬形蟲

日文名稱：パプアキンイロクワガタ
學　　　名：*Lamprima adolphinae*
產　　　地：巴布亞新幾內亞
飼育難度：★☆☆☆☆
繁殖難度：★☆☆☆☆
成蟲壽命：2～6個月
成蟲大小：♂ 17～55mm
　　　　　♀ 21～26mm
幼　蟲　期：3～5個月
溫　　　控：非必須

## 聊聊印尼金鍬

接著來聊一隻非常特別的美麗小蟲：「印尼金鍬」，金鍬最早在巴布亞島被發現，所以日文就叫「巴布亞金色鍬形蟲」。

巴布亞島在印尼的最東方，西邊一半是印尼的、東邊一半是巴布亞新幾內亞。最常見的產地是阿爾法克山脈（Arfak），是個充滿豐富生態系的地方。

有時候市面上也能看到他的南邊一點的親戚澳洲金鍬（*Lamprima aurata*）、或是塔斯馬尼亞金鍬（*Lamprima tasmaniae*），這兩隻體色跟體型跟印尼金鍬有點不同，但是最便宜、最好養、最大隻的還是印尼產的金鍬。

## 成蟲飼育

印尼金鍬成蟲很好養。特色除了造型很酷的夾子以外，還有兩隻前腳的扇形刀片，在野外可以拿來割斷野草莖再來舔食汁液，是貨真價實吃飯的工具。

飼養金鍬時，最需要注意的一點就是：金鍬超會飛！一個不小心就飛走給你看！

除了很會逃跑以外，金鍬是很好養的蟲。加上成長期短、顏色多變而美麗，讓他不論在台灣跟日本都是很熱門的蟲。

右圖這隻是母蟲，母蟲體型很小，但顏色一樣多變。

## 產房與繁殖

金鍬的繁殖很簡單。通常只要公母進食後兩三個禮拜就可以交配了。公蟲很色，只要發現母蟲就會非常積極的想要騎上去交配，而且沒成功就不會放母蟲走！

產房布置也不難，很多飼育家光用發酵木屑用力壓實就有不錯的產量。當然，母蟲會更喜歡有產木的環境，不過產木一定要很軟，不然金鍬的大顎咬不動。

母蟲會在木頭表面咬出小洞後產卵，甚至直接生在木屑跟木頭的接觸面。所以要得到最大產量，就是將產木挖洞或切開，增加表面積，然後半埋或埋四分之三，一般而言一輪大概可以生10～20顆，一隻母蟲大概可以生30～50隻。

CHECK POINT

因為卵跟L1幼蟲太小了，所以建議不要取卵……取出母蟲後放個一兩個月再開挖比較好。

## 幼蟲飼育

幼蟲有著長長的尾部（跟遠親彩虹鍬一樣）。

幼蟲建議吃發酵木屑。雖說許多飼育家用菌也養成功過……但似乎不會比較大隻。而且金鍬在化蛹前會亂鑽，鑽完的菌很容易劣化，然後變黑、出水，導致過濕、發熱等現象，徒增養死的風險。

我第一代繁殖金鍬的時候，莫名其妙死了一大堆L3……後來上網查才知道濕度跟通風對金鍬化蛹很重要！市面上能買到的木屑有些已經幫你調好濕度。

但原廠預設的濕度對金鍬而言會有點太濕，所以，找個整理箱把木屑倒入、攤開，吹個兩天風後再用（或是曬半天太陽）至少要到手用力握拳不會有任何水滲出的程度才能用。

而至於買來就乾燥過的木屑，加水時記得要慢慢加。千萬不要一口氣弄太濕！濕度調好也要放置一下等水分均勻、曝氣一下，確認不會太濕再使用比較穩。

飼養金鍬在大部分的情況不溫控也不要緊。但在7、8月的酷暑下，不溫控會增加羽化失敗的機率。

幼蟲食量不大。通常從產房取出後，用250cc的杯子就可以直接養到羽化。（從投產到羽化通常在5個月～6個月之間）是一年可以養兩輪、甚至三輪的蟲。蛹的姿態也與其他鍬形蟲不一樣：大顎跟頭部直直的往前，前面兩隻腳也是往前伸直，像右圖這樣。

對於沒有溫控、沒有錢又沒有空間的學生而言，金鍬CP值簡直高得不像話！而對於喜歡色蟲的飼育家及標本收藏家而言，金鍬更是絕不能錯過的鍬形蟲！雖然我比較喜歡大鍬，但偶爾養養這種成長期短、顏色鮮艷漂亮的小蟲也是別有一番趣味的！

# 彩虹鍬

## 彩虹鍬形蟲

日文名稱：ニジイロクワガタ
學　　名：*Phalacrognathus muelleri*
產　　地：澳洲昆士蘭
飼育難度：★☆☆☆☆
繁殖難度：★★★☆☆
成蟲壽命：半年～2年
成蟲大小：♂ 22～68mm
　　　　　♀ 23～46mm
幼蟲期：♂ 7～12個月
　　　　♀ 6～10個月
溫　　控：不需／建議

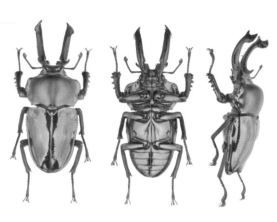

## 聊聊彩虹鍬

如果要選出一隻顏色最美的鍬形蟲，大家一定都會把票投給彩虹鍬吧！彩虹鍬來自澳洲，是鍬形蟲中非常特別的存在，最亮眼的就是他五顏六色的光澤，像是一顆寶石一樣。

早期彩虹鍬可是天價，一對甚至要價日幣百萬。但隨著近年來飼育方式被高手們逐一破解，反而成為了新手入門的好蟲，還有各式各樣不同的改良種，顏色越來越五彩繽紛囉！

# 小粉的彩虹鍬筆記

我自己一開始只有養普通色，但在我好朋友pink，也就是「酷力將」頻道的小粉大力相助之下，總算蒐集到越來越多的色系。

「欸欸，小粉，我記得你有養彩虹鍬？有沒有什麼訣竅可以分享一下？」

收到我的求助訊息，小粉完全不藏私，所有祕笈跟照片全部分享！

「彩虹鍬是很適合入門的漂亮甲蟲喔，成蟲也很容易照顧，跟一般人印象中的黑嚕嚕鍬形蟲印象完全不同，簡直是甲蟲界中最華麗的聖誕氣氛蟲」。

幼蟲飼養呢？也很簡單，如果家裡有甲蟲冰箱，或是擁有降溫設備，能穩定提供攝氏26度以下的環境，那就採用雲芝菌瓶飼養，幼蟲會長得又快又肥嫩。那如果沒溫控設備呢？沒關係！就採用木屑飼養，彩虹鍬幼蟲一樣可以快樂長大。

咱想把彩虹鍬養的又大又漂亮，優先建議採用雲芝菌來飼養幼蟲，高營養的菌瓶會讓幼蟲長得又快又肥嫩呦。通常採用菌瓶飼養的幼蟲，進食期大概4～6個月，這期間約使用2～3瓶菌瓶就可以。

使用菌瓶飼養最常遇到的問題就是幼蟲末期暴走，因為菌瓶內的環境有時讓幼蟲覺得結構鬆散不滿意，他們就會上鑽下竄尋找合適的蛹室地點，不知不覺呢，菌瓶就鑽爛了，幼蟲體重也降了下來，最後養出來的成蟲肯定就小一點囉！

要避免暴走這個問題，通常我們在第二瓶菌瓶（幼蟲孵化後的4-5個月）就要密切觀察進食狀況，如果一旦發現大顆粒且大範圍的菌塊咬碎狀況，那就是暴走。

一旦確定幼蟲暴走，咱可以選擇用適合的工具把菌瓶內菌塊跟木屑稍微壓緊，或是把幼蟲取出來，另外準備一個緊實的500cc木屑杯就可以囉。只要環境對了，暴走的幼蟲在兩周內就會完成蛹室順便進入前蛹啦。

讓幼蟲降低暴走，不讓幼蟲浪費無謂的體力及體重，才可以盡可能達到最大的成蟲體型效益！

# 肥角鍬形蟲（Aegus 屬）

## 南洋肥角鍬形蟲

日文名稱：チェリフルネブトクワガタ
學　　名：*Aegus chelifer*
產　　地：東南亞
飼育難度：★☆☆☆☆
繁殖難度：★☆☆☆☆
成蟲壽命：2～6 個月
成蟲大小：♂ 14～39mm
　　　　　♀ 14～23mm
幼　蟲　期：♂ 3～6 個月
　　　　　♀ 3～6 個月
溫　　控：不需

## 聊聊南洋肥角

如果選出市面上能養到最好養的鍬形蟲，那應該就是X肥角了。肥角在鍬形蟲中其實是很大的屬，已知數量高達200種以上，在台灣常見的有四種，分別為台灣肥角、南洋肥角、高山肥角跟姬肥角，這一篇介紹的是南洋肥角，又稱菲律賓肥角以及「X肥」。

X肥根據研究，應該不是台灣原生種，很可能是跟著木材一起來到台灣的歸化種，在台灣南部的鋸木廠、檳榔樹、椰子樹附近不難見到。個性膽小、性格溫和、夾子沒力，所以混養起來也不會有什麼問題。

產房也是隨便弄就隨便生，沒有產木也沒關係，木屑或兜土壓實就生到爆，營養良好的飼育品母蟲可以生超過200隻幼蟲！

而且幼蟲食性超廣，別說從菌吃到兜土了，甚至沒長過菌的枯木、木工沒處理過的木製建材直接丟他都嗑（不過使用這種東西當食材要確定沒有泡過油或藥等加工物）！

幼蟲期也是短到誇張，用好一點的木屑再丟些廢木塊，只要短短三個月就會做蛹室，幼蟲會像金龜一樣做一個球型土繭，把卵跟蛹期甚至蟄伏期也算進去，半年就可以完成一輪完整的飼育，還不用溫控！應該就是最適合新手養的鍬形蟲了！

CHECK POINT

然而台灣其他肥角卻不是很好養了。例如台灣肥角（*Aegus laevicollis formosae*），需要低溫、偏濕的環境以及樹心土才有可能繁殖成功，而且幼蟲期超過一年，就算是對高手都很有挑戰性。

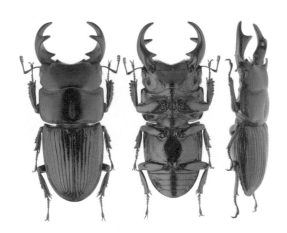

## 星肥角鍬形蟲

日文名稱：プラティオドンネブトク
　　　　　ワガタ
學　　名：*Aegus platyodon*
產　　地：菲律賓、印尼、新幾內亞
飼育難度：★☆☆☆☆
繁殖難度：★☆☆☆☆
成蟲壽命：2～6個月
成蟲大小：♂ 22～57mm
　　　　　♀ 18～30mm
幼　蟲期：♂ 4～9個月
　　　　　♀ 4～8個月
溫　　控：不需

## 聊聊星肥角

如果覺得國內的X肥太小隻
或是太沒挑戰性，想要找隻
有型、好養又大隻的肥角，
那星肥角就是肥角玩家的不
二選擇。

星肥角最大隻可以逼近6公
分，超過4公分的大型個體，
齒突會發展出像是星星一樣
的形狀。

飼養跟價錢也很平易近人，
尤其是小型一點的個體，因
為星星形狀沒出來的話，價
錢會非常非常的便宜，我當
時就幾乎是用一份麥當勞的
錢就入手了一對。

中型個體，星星的型不明顯。

不論公母蟲，都是全身刻點，但在不同角度的反光下，會有一點藍藍的光澤，這是照片難以拍出來的顏色，只有親自用眼睛看才能體會。

繁殖上雖然沒有X肥適應力那麼強大，但就當作一般鍬形蟲養基本上也不會失敗，用軟的產木片、偏熟的發酵木屑壓緊，星肥角也是隨隨便便都能生個60隻以上。

幼蟲不用溫控也能養出有星星的大型個體。但建議如果要穩定的養出有星星的大傢伙，還是要養在24～26度比較穩。簡單的要訣就是不要混養，給予1000cc以上的大空間跟注意木屑的狀態不要太差就可以了。

另一點對飼育家很友善的是：肥角的土繭跟金龜、鬼艷之類的蟲比較不一樣，就算挖破也不太會出大事。如果真的很想觀察蛹的話，手賤挖一下也不打緊（雖然還是能避免就避免啦）。

# 叉角鍬形蟲（Hexarthrius 屬）

## 橘背叉角鍬形蟲

**日文名稱**：パリーフタマタクワガタ
**學　　名**：*Hexarthrius parryi*
**產　　地**：馬來西亞、婆羅洲、蘇門答臘、泰國
**飼育難度**：★★★☆☆
**繁殖難度**：★★★★☆
**成蟲壽命**：3～6 個月
**成蟲大小**：♂ 38～92mm
　　　　　　♀ 18～55mm
**幼 蟲 期**：♂ 8～14 個月
　　　　　　♀ 7～12 個月
**溫　　控**：必須

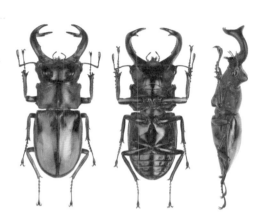

## 聊聊叉角

接著來聊聊叉角屬的鍬形蟲吧！橘背叉角的名字其實很多，例如金邊叉角、帕氏紅背，或是泰國產的顏色比較淺，也被稱為白背叉角。

叉角並不是很友善的蟲，所有的方面都很不友善，壽命短、難生難養大、價錢高貴，而且最不友善的就是脾氣跟大顎，幾乎所有的叉角都超級凶，夾人都超痛，而且因為大顎前端都有分岔，只要被夾到基本上就是四個洞一起噴血！真的是五顆星難度的一個屬。要讓公母交配，一定要確保公蟲是冷靜的，而且人最好在旁邊隨時準備救母蟲，叉角超會爆母，所以叉角母蟲往往比公蟲還貴。

如果交配成功了，就可以準備產房了，因為母蟲會在偏軟、偏乾的產木表面生蛋，所以木頭露出的地方越多越好，只要半埋或是稍微固定就好。

但是因為母蟲也很神經質，任何風吹草動都會進入警戒模式，所以要把產房放在不會被風吹到，但又不能不通風的方，而且不會有震動、不會被打擾，最好是連光都照不到，接著果凍放多一點，兩、三個禮拜換一次就好。

如果一切順利，叉角算是高產量的蟲種，50顆以上是家常便飯。幼蟲要養大可以用木屑也可以用菌，用菌只建議用雲芝，不論哪一種，都要溫控，而且建議要在攝氏22度或以下的環境才會比較大。

最大隻的三隻鍬形蟲，第一是長頸鹿鋸（（121mm）、第三是巴拉望巨扁（115mm），第二是誰呢？第二是叉角屬的巨顎叉角（Hexarthrius mandibularis sumatranus）！野生紀錄最大隻可以長到118mm（飼育紀錄為111mm）！

# 鬼豔鍬形蟲（Odontolabis 屬）

## 台灣鬼艷鍬形蟲

日文名稱：シヴァツヤクワガタ、オニ
　　　　　ツヤクワガタ
學　　名：*Odontolabis siva parryi*
產　　地：台灣
飼育難度：★☆☆☆☆
繁殖難度：★★★☆☆
成蟲壽命：3 ～ 8 個月
成蟲大小：♂ 42 ～ 97mm
　　　　　♀ 40 ～ 60mm
幼　蟲期：♂ 10 ～ 24 個月
　　　　　♀ 14 ～ 20 個月
溫　　控：不需／建議

## 聊聊鬼艷

台灣最大隻的鍬形蟲是哪一隻呢？答案就是鬼艷鍬形蟲。鬼艷平常大概會在5～7月的時候大量發生，特別喜歡在柑橘類的樹上出現，身上有非常閃亮的光澤，性格大方而無畏懼，還會發出海產店的味道。

不，我沒有騙你，就像很多騷金龜聞起來有味道一樣，鬼艷身上會有一種特別的味道，有的人說像蚵仔煎，有的人說像螃蟹，我自己覺得很像蝦子，甚至有些嗅覺靈敏的蟲友，可以用聞的找出鬼艷的蟲點，非常誇張。

短牙型公蟲

鬼艷體型很大，但是不同的體型也會有不同的牙型變化，最常見的就是短牙型的，有些新手飼育家會跟母蟲搞錯，但其實母蟲的牙更短，而且沒什麼鋸齒。

母蟲

中牙型的鬼艷。

交配中的鬼艷。

鬼艷幼蟲的尾部特別肥大。

再然看起來又黑又大，但鬼艷壽命不長，通常過不了冬天。而且雖然野外數量很多，但其實並不算是好養的蟲。

交配本身不會有什麼問題，母蟲又大又硬，公蟲好色但不凶，牙型也無殺傷力，有護母行為，而且會重複交配很多次。

產房則是用熟一點的木屑，甚至用兜土稍微壓實就好，母蟲會一邊挖一邊亂生一通，甚至還會生到土表上，產量約會在30～60顆左右。

講到鬼艷幼蟲就特別了。任何人一眼都可以分辨出鬼艷屬的幼蟲，因為屁股超大，而且只要感覺到危險，幼蟲會摩擦腳部發出「唧！唧！」的聲音，若是把蟲養在自己房間的話，夜深人靜時就會常常聽到這種謎之聲。

除了大屁股跟很吵以外。幼蟲食性也很特別，幼蟲會「挖隧道」把自己四周的木屑先嚼一嚼，然後配上自己的糞便，做出隧道一樣的構造才肯好好進食。

被這套過程加工過後的食材很容易就會過濕跟過朽，但如果一口氣換掉，幼蟲又會重新做隧道，浪費很多體力，所以大部分的飼育家都是用「加土」的方式換土，打開箱子後，保存大部分的隧道區，然後把幼蟲不在的地方挖掉換上新鮮食材，或是用填的方式把木屑塞進隧道裡。

台灣鬼艷的幼蟲期也不短，不溫控也能養，不過要耗時一年半，而且基本上只會出短牙跟中牙。如果有溫控，就比較會出長牙，但可能要兩年時間。

鬼艷屬的幼蟲在化蛹前會做土繭，但土繭對於濕度的控制能力很弱，如果飼育家把土繭挖出來另外放，千萬要注意濕度適中，不然乾掉的話，剛羽化的成蟲會沒辦法破壞土繭最後餓死在裡面。

# 圓翅鍬形蟲（Neolucanus 屬）

## 大圓翅鍬形蟲

日文名稱：オオマルバネクワガタ
學　　名：*Neolucanus maximus vendli*
產　　地：台灣
飼育難度：★☆☆☆☆
繁殖難度：★★★★★
成蟲壽命：2～6個月
成蟲大小：♂ 40～68mm　♀ 38～70mm
幼 蟲 期：♂ 10～24個月　♀ 9～24個月
溫　　控：必須

## 聊聊圓翅

講到這個圓翅，其實很多人第一隻鍬形蟲，不一定是常見的扁鍬或是兩點赤，而是在秋天時會大量出現的紅圓翅鍬形蟲！

儘管在野外很常出現，但其實圓翅的繁殖可是超高難度，成蟲跟幼蟲完全不同級別，所以很多新手傻傻的購入圓翅後，回家才發現根本養不起來，於是身心都遭遇挫折……。我就是這樣，當初還是學生的時候，撿到好幾隻紅圓翅，回家養卻怎樣都無法成功。到了現在，圓翅的養法跟玩家都跟日本壓縮機一樣非常稀少……不過我在「南投甲蟲館」認識了館長小藍，他就是圓翅界的箇中好手！

## 圓翅的種類

因山勢地形的地理隔絕，加上日間爬行的習性與內翅飛行功能退化，阻隔了圓翅鍬形蟲族群間的基因交流，因此不同地區的族群間有外觀型態上的差異，就台灣產的日行性圓翅鍬形蟲來說，過去在許多昆蟲圖鑑上被分成五種：

大圓翅鍬形蟲 *Neolucanus maximus vendli*
紅圓翅鍬形蟲 *Neolucanus swinhoei*
泥圓翅鍬形蟲 *Neolucanus doro*
小圓翅鍬形蟲 *Neolucanus eugeniae*
中華圓翅鍬形蟲 *Neolucanus sinicus taiwanus*

不過近年學者以生物技術鑑定後，認為部分種類之間正處於「演化途徑中」，並未明顯達到種化程度。

# 小藍的圓翅筆記

「什麼？要問圓翅怎麼養？」小藍
被我問到這個問題，眼睛發出了光
芒！

「圓翅屬頭部比例小、身體寬度
大、翅鞘呈圓弧形狀，因此稱之
「圓翅」鍬形蟲。全世界共有七十
種以上，多數棲息在亞熱帶地區的
原始森林裡，而且台灣也有本土種
的圓翅鍬形蟲喔！」

大型的圓翅鍬形蟲：體色多為黑色
或帶點酒紅色，體型可超過六公分，平時棲息於大型殼斗科等闊葉樹上覓
食與交配，夜晚具有趨光行為，台灣產的大圓翅鍬形蟲（*Neolucanus
maximus vendli*）就是這種。

另一類中小型的圓翅鍬形蟲體色從紅褐色到黑色都有，體型多在五公分
以下，日行性，只會在林道底層爬行、尋找配偶交配，例如台灣產的紅
圓翅鍬形蟲（ *Neolucanus swinhoei*）與台灣圓翅鍬形蟲（*Neolucanus
taiwanus*）即是此類型的代表。

紅圓翅鍬形蟲（*Neolucanus swinhoei*）

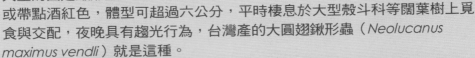

台灣圓翅鍬形蟲（*Neolucanus taiwanus*）。

## 圓翅的外型

本屬公蟲的大顎較短，沒有其他屬鍬形蟲誇張的造形以及修長的大顎，但圓翅鍬形蟲的大型公蟲個體有上翹的「暴牙」，尤其夜行性的種類，其大型個體的「龍牙大齒型態」也是相當有魅力的，是許多昆蟲迷心中的夢幻種！

如果想觀察台灣產大龍牙的「大圓翅」，可以在八、九月份的全台中海拔原始林山區觀察，若欲觀察夜間趨光行為，則需要有「爆肝」的準備，因為深夜十點至午夜兩點才是其活動最高峰！

而台灣產的日行性圓翅鍬形蟲種類，除了「台灣圓翅」是特例在夏季出沒之外，其他都是典型的「秋季昆蟲」，其中「紅圓翅」是最具代表性且最容易觀察的種類，每年八月至十月間在全台各地中低海拔白天的林道之間，很容易觀察到令人驚艷的紅色身影。

如果想深入觀察產地與型態的變異，則可以到中南部山區尋找「黑化型」的紅圓翅鍬形蟲，紀錄每個產地觀察到的個體其眼緣特徵、後足脛節與跗節長度、翅鞘形狀、翅鞘光澤……等等形質差異，會發現這是一個耐人尋味的生態現象。

## 圓翅的飼育

圓翅成蟲普遍壽命很短，但幼蟲期到羽化的時間卻很長，最長甚至要三年！

加上繁殖方法需要特殊介質以及低溫環境（攝氏20～24度），因此在寵物甲蟲當中比較冷門、不適合初學者。

若想要順利繁殖，必須要有「樹心土」才可能成功，樹心土是什麼呢？在原始森林內的大型殼斗科樹木或是大型針葉樹的枯木，經過長時間分解腐朽，變成一挖就粉碎的泥土狀碎屑，這就是生物「樹心土」，挖「樹心土」回家後，一定要留意裡面是否存在野外的其他昆蟲（蜘蛛、蜈蚣……等等）；以免這些雜蟲跑去攻擊幼蟲、或甚至跑到你家裡面嚇人。

搞定樹心土以後，圓翅鍬形蟲屬於很多產的蟲種，往往可以產下超過一百顆以上的卵，卵粒非常小，在相同體形的鍬形蟲當中算是最小的，如果母蟲願意產卵，之後的飼養就不難了。

卵約14～20天孵化，建議繁殖過程不用採卵，一來因為卵或初齡幼蟲太小了；容易在挖掘過程損傷，二來本屬母成蟲壽命短；應減少打擾讓他全心產卵，所以建議投產之後兩個月後再倒出觀察即可。

剛孵化後的一齡幼蟲體型也很小，建議原產房環境混養即可，經過30～45天會蛻皮轉齡成二齡幼蟲，二齡幼蟲體態強壯許多，同時可以觀察到圓翅鍬形蟲幼蟲的特徵「尾端膨大」，二齡幼蟲可以單獨分裝飼養，可用原產房的介質（樹心土）加入約30%一般市售的甲蟲專用高發酵木屑；讓幼蟲慢慢適應新的食材。

二齡幼蟲期間約50～70天會蛻皮轉齡成三齡幼蟲，三齡幼蟲可以再更換更大的容器飼養，同時把原本舊土混入更高比例的一般市售甲蟲專用高發酵木削（需與先前相同品牌，否則可能會拒食死亡），圓翅鍬形蟲的幼蟲食量小；同時又可以耐受「腐朽度」很高的食材（原本所謂的「樹心土」就是腐朽度很高的食材），因此換土頻率不用太高。

三齡幼蟲期間較久，約120～180天後（不同種類、不同環境之間差距很大）會開始進入「準前蛹」狀態，圓翅鍬形蟲「準前蛹」狀態非常特別，會自行製作一顆非常堅硬的「土繭」把自己包覆在其中準備化蛹。

準前蛹期到羽化之間差異也很大，要三個月到半年，這期間不建議隨意打開「土繭」，不然打開後萬一還沒成為前蛹，幼蟲就只好再次製作新的土繭，整個期間會拖延很久、甚至最後造成死亡。因此建議靜靜放置「土繭」，耐心等待讓成蟲成熟之後自行爬出。爬出後的成蟲即可餵食，確定進食後一週又可以準備繁殖了！

CHECK POINT

小藍最後透漏了他的密技：先前飼養幼蟲後的食材不要丟掉，直接用來繁殖圓翅鍬形蟲，效果等同於「樹心土」喔！如想嘗試圓翅的養成，不妨可以選擇大型種類如「大圓翅」，會是相較比較容易繁殖飼養的。

# 大黑艷鍬形蟲

日文名稱：タランドゥスオオツヤクワガタ
學　　名：*Mesotopus tarandus*
產　　地：非洲、喀麥隆
飼育難度：★★☆☆☆
繁殖難度：★★★☆☆
成蟲壽命：6～18個月
成蟲大小：♂ 45～93mm
　　　　　♀ 38～56mm
幼 蟲 期：♂ 10～16個月
　　　　　♀ 9～15個月
溫　　控：建議

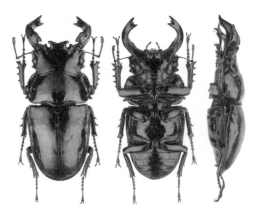

## 聊聊大黑艷

最後我們來到了鍬形蟲的「黑金」部分。黑金其實是兩隻常常被放在一起講的鍬形蟲，「黑」是大黑艷，也就是這篇的主角，來自非洲的大黑艷鍬形蟲。大黑艷的外型也是會讓人眼睛一亮的那種，外殼非常光滑且閃亮，如同鋼琴鏡面烤漆似的，一打燈就會閃閃發光。

第一次養大黑艷的飼育家，在把玩時很可能會被這隻蟲的特性嚇到：他是一隻會震動的蟲！！就像手機突然打開震動模式，嗡嗡嗡嗡的一直震，非常有趣。但這種震動很可能是一種威嚇的手段，要是你在他震動的時候膽敢把手指伸過去，大黑艷的大顎爆擊力也是高出名的，堪比剪線鉗，被夾到會鮮血直流喔。

但凶歸凶，大黑艷對母蟲倒是很溫柔，有護母的習慣，常常跟母蟲一整天就是一直吃跟一直交配，酒池肉林好不愉快，成熟的大黑艷食欲好的時候，一天甚至可以吃到兩顆果凍，是鍬類的大胃王。

# 大黑艷飼育

以前大黑艷會貴，最主要的原因還是不知道怎麼繁殖，不過現在大家已經知道怎麼養它了，大黑艷對雲芝菌情有獨鍾，繁殖要用雲芝產木、或是砂埋雲芝材，更簡單的方式是直接用雲芝菌瓶。

只要把雲芝菌中間挖一個大洞，母蟲就會自己爬進去生蛋，等到發現邊邊有蛋的時候，再用果凍把母蟲引出來換另一瓶繼續生。蛋很大顆，而且是綠色的，新手千萬不要以為是發霉爛掉嘿！等到幼蟲孵出來後，也是用雲芝菌養就好，溫度只要在攝氏26度以下就沒有問題了。

CHECK POINT

大黑艷之前被分成兩種：一種是MT（*Mesotopus tarandus*），也就是一般的大黑艷， 另一種是MR（*Mesotopus regius*）被稱為皇家大黑艷，皇家大黑艷的棲地比大黑艷更偏西邊，牙型較直，所以長度量起來比較大，但最新的研究認為兩種蟲的基因其實沒什麼差別，應該算是同一種蟲。

# 黃金鬼鍬形蟲

## 馬場黃金鬼鍬形蟲

日文名稱：ババオウゴンオニクワガタ
學　　名：*Allotopus moellenkampi babai*
產　　地：緬甸
飼育難度：★★☆☆☆
繁殖難度：★★★☆☆
成蟲壽命：4～8 個月
成蟲大小：♂ 34～83mm　♀ 34～52mm
幼　蟲　期：♂ 6～12 個月　♀ 4～10 個月
溫　　控：必需

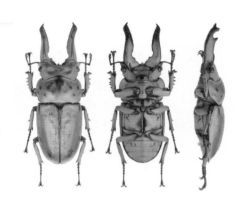

## 聊聊黃金鬼

接著是「黑金」中的「金」，也就是黃金鬼。跟大黑艷一樣，黃金鬼也是都要用雲芝類的耗材才好養，不過兩隻蟲雖然習性很像，產地卻是差了十萬八千里，黃金鬼主要分布是在東南亞，由於特殊的外型與金光閃閃的黃金配色使得黃金鬼非常有人氣。

不過黃金殼的閃亮度會隨著濕度以及外殼的磨損變得越來越黑，所以有時候飼育環境不對，蟲體看起來會變成全黑色的。

## 黃金鬼的種類

黃金鬼分成兩種，一種是住在印尼爪哇島的羅森伯基黃金鬼（*Allotopus rosenbergi*），另一種是中南半島跟印尼的莫連坎普黃金鬼（*Allotopus moellenkampi*），羅森伯基的大

顎較有弧度，像把彎刀，而莫連坎普則是比較直，而莫連坎普又分為四個亞種，分別是：

在蘇門答臘島的原名亞種，莫連坎普黃金鬼（*Allotopus moellenkampi moellenkampi*）

在馬來西亞的莫瑟里黃金鬼（*Allotopus moellenkampi moseri*）

在緬甸的馬場黃金鬼（*Allotopus moellenkampi babai*）

以及在婆羅洲的婆羅洲黃金鬼（*Allotopus moellenkampi fruhstorferi*）

## 黃金鬼的飼育

雖然跟大黑艷比起來，成蟲比較短命，但以它的體型來說，幼蟲期出乎意料的短，快一點的話只要半年就羽化了。成蟲不難養，個性雖有脾氣但不凶，大顎的構造讓它就算打起來也不至於傷到母蟲，不過要注意的是：公蟲極度好色，如果公母丟一起就會一直交配一直交配，不論公母壽命都會銳減，所以不要讓它們縱欲過度。

另外，黃金鬼不論成蟲跟幼蟲都怕熱，記得保持通風跟盡量控制溫度。如果要投產，要幫母蟲準備雲芝產木或砂埋雲芝材，或是用雲芝菌瓶直接投也行，產量較小，投一次能生到10顆就算爆產了，一隻母蟲生到30顆大概就是極限了。卵是金黃色的，幼蟲吃雲芝菌以外的食材普遍效果不佳，除非特別有實驗精神，而且願意承擔風險，否則建議還是用雲芝菌養就好。

目前最大也最受歡迎的的亞種應該就是上面介紹的AMB馬場黃金鬼，但大顎彎彎的羅森伯基也是頗有人氣喔。

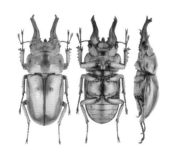

# 台灣蟲店列表

這篇整理了台灣各地的蟲店資料，各位如果要找蟲店的話可以參考看看，記得先打個電話以免撲空喔！

| 新北蟲店 | | |
|---|---|---|
| 魔晶園 | （02）8965 8866 | 北市板橋區南雅西路二段74號1樓 |
| 喜蟲天降新莊店 | （02）2202-0291 | 新北市新莊區中正路437號 |
| 喜蟲天降三重店 | （02）2983-4251 | 新北市三重區重陽路二段19巷15號 |
| 虹森林工作室 | （02）2260 2072 | 土城區延吉街253巷22號1樓 |
| **台北蟲店** | | |
| 蟲林野售 | （02）2763-6447 | 台北市信義區永吉路30巷177弄29號 |
| 蟲磨坊 | （02）88614090 | 台北市士林區大東路79號（士林分局旁） |
| 台北木生昆蟲坊 | （02）2594-7952 | 台北市松江路372巷13號 |
| 台灣昆蟲館 | （02）7729-3709 | 台北市大安區和平東路三段406巷8號 |
| 蟲殿 | （02）8931-0007 | 羅斯福路五段170巷39號 |
| **基隆蟲店** | | |
| 甲蟲咖啡 | | 基隆市中山區中山一路113巷7號 |

木生是台灣最老牌的蟲店。

士林夜市旁邊的老牌蟲店蟲磨坊。

| 桃園蟲店 | | |
|---|---|---|
| 蟲心所欲 | （03）313-9507 | 桃園市蘆竹區南竹路三段96號 |
| 阿峰甲蟲專賣店 | （03）450-0333 | 桃園縣中壢市龍岡路三段410號 |
| 雕虫小技行動甲蟲館 | （03）3621456 | 八德區建國路1170號 |
| 蟲步伐 | （03）336 6692 | 桃園市桃園區國光街70號 |
| 蟲尚自然 | （03）4601868 | 桃園市平鎮區龍南路268號 |
| King Kong beetles金剛甲蟲 | （03）3603021 | 桃園市八德區中華路276號 |
| 新竹蟲店 | | |
| 菜蟲叔叔昆蟲生活坊 | （03）536-0365 | 新竹市天府路二段10號 |
| 蟲趣昆蟲生態館 | （03）550 0131 | 新竹縣竹北市六家五路二段182號 |
| 台中蟲店 | | |
| 甲蟲部落興大康橋店 | （04）2406 2550 | 臺中市大里區永隆路510號 |
| 甲蟲部落文心森林店 | （04）2473-3139 | 台中市向上南路一段341號 |
| 愛森蟟昆蟲生態館 | （04）2320-2219 | 台中市北區忠明路153號 |
| 夢蟲無我 | | 台中市北屯區中平路509巷86號 |
| 崑蟲坊 | | 北區益華街35號 |
| 蟲鑑天日 | | 台中市西區精誠23街39號 |
| 蟲話區甲蟲生態館 | | 臺中市豐原區豐東路528號 |
| 甄愛蟲-甲蟲週邊飼育耗材配件 | | 臺中市台中市清水區鰲峰路601號2樓 |
| 玩甲蟲生態館 | （04）24612229 | 臺中市西屯區西屯路三段宏福五巷12號 |
| 友間蟲店 | | 臺中市陝西一街3號 |

## 彰化蟲店

| | |
|---|---|
| 綠光蟲林 | 彰化縣員林市林森路413號 |
| 小小蟲兒 | 彰化縣溪州鄉溪尾厝村文化路123號 |

## 南投蟲店

| | | |
|---|---|---|
| 南投甲蟲館 | （049）2241961 | 南投縣南投市民生街20號 |

## 雲林蟲店

| | |
|---|---|
| 甲蟲館休閒農場 | 雲林縣古坑鄉喃湳仔89號 |

## 嘉義蟲店

| | |
|---|---|
| 綠光蟲林生態館-嘉義工作室 | 嘉義市東區光正街12巷28號 |
| 奇力貝舍甲蟲專賣店 | 嘉義市西區世賢路一段621號 |
| 蟲蟲圍姬 | 嘉義縣太保市田尾里85號85-1號 |

## 台南蟲店

| | | |
|---|---|---|
| 兜鍬蟲林 | | 台南市成功路501號 |
| 甲蟲先生 | （06）214 0221 | 臺南市中西區南寧街40號 |
| 蟲蟲狂熱-甲蟲昆蟲生態教室 | | 台南市永康區成功路31號 |

## 高雄蟲店

| | | |
|---|---|---|
| 蟲之森 | （07）5529255 | 高雄市鼓山區龍德路45號 |
| 丸虫虫原昆蟲樂園 | | 高雄市新興區復橫一路221號 |
| 亞馬遜昆蟲專賣店 | （07）3980708 | 高雄市三民區義華路159巷34號 |
| 亞馬遜昆蟲專賣自由店 | | 高雄市左營區重孝路31號 |
| 蟲林坊 | （07）7905975 | 鳳山區文和街1號 |

## 屏東蟲店

| | |
|---|---|
| 屏東甲蟲世界 | 長治鄉進興村進興巷111-3號 |
| 兜飲 | 屏東市建豐路282巷6號 |

| 花蓮蟲店 | | |
|---|---|---|
| 長虹文具行 | （03）832 5903 | 花蓮縣花蓮市重慶路195巷9號 |

| 宜蘭蟲店 | | |
|---|---|---|
| 蟲蟲底家 | | 宜蘭縣羅東鎮復興路一段75號 |
| 甲蟲森林 | （03）928-0810 | 宜蘭縣礁溪鄉二結路50-11號 |

### 網路蟲店

昆蟲論壇交易區

魔晶園甲蟲網

蟲之森

甲蟲部落

蟲林野售

喜蟲天降

蟲磨坊

愛森螗
昆蟲生態館

蟲心發現

酷力將

掃描這組 QR Code
也能看蟲店列表喔！

井然有序放在貨架上的幼蟲，標籤上有成蟲圖片以及詳細的學名、產地與累代資訊。

不同的耗材通常會針對不同的蟲種，有不同顏色的包裝。

## 後記
### postscript

「稿子交完啦！！！！」

從説要出書到把稿子寫完，花了不知道多久的時間。

其實這是我的第二本書，但是因為養甲蟲一輪往往要以年為單位，飼養過程又常常會出意外，而且這些搗蛋蟲老是挑三更半夜化蛹或羽化，導致照片與資料的收集非常辛苦，不論是拍照還是寫稿都要挑燈夜戰，寫起來難度是第一本的好幾倍。

其實只要對生態有一點認識，就會知道我們的地球其實一點都不需要人類，人類只會搞破壞，但昆蟲就不一樣了，沒有昆蟲的存在，整個生態系的運作會直接停擺，最後動植物都會走向毀滅的道路。

我養蟲養了好幾年，不過寫這本書的時候多了許多強大的戰友，除了在開頭列出來的夥伴名單，這邊也要感謝臨時被我抓來畫甲蟲超人的 Kai 老師(a.k.a. 昆虫好朋友 )，我們希望能透過這本書，直接幫助更多的人認識甲蟲，並以此為敲門磚，開始重視自然生態的保育，畢竟要是棲地被破壞，這些帥氣又美麗的甲蟲就會遇到生存危機，例如我們國產的台灣大鍬跟長角大鍬，就是因為棲地被破壞導致數量減少，現在已經被列為保育類了。

因為不能養台灣大鍬，所以我最喜歡的甲蟲就變成日本大鍬，小時候光是超過 6 公分的長牙個體，一對就要好幾千元台幣，但現在 6 公分的對蟲可能一張 500 元就有了，7 公分只是飼育家間的「及格」尺寸，最大型飼育紀錄竟然達到了 92.7mm ！ 讓人不禁讚嘆飼育與育種技術的日新月異啊。

現在要入門蟲界從零開始養甲蟲，其實是很簡單的一件事，各地都有友善的蟲店與蟲友，很輕鬆的就能買到又穩定又好用的的耗材、器材。玩家們也能越來越專注在飼育的技巧上，養出破紀錄的大蟲，不讓日本專美於前。

最後祝大家都能邂逅自己的愛蟲，養蟲路上平平安安出大蟲喔！

野人家 · 218

## 甲蟲超人超圖解

| 作　　　　者 | 黑貓老師 |
| 三 視 圖 攝 影 | 蕭聖翰 |
| 插　　　　畫 | 昆虫好朋友 KAI |
| 社　　　　長 | 張瑩瑩 |
| 總 　編 　輯 | 蔡麗真 |
| 美 術 編 輯 | 林佩樺 |
| 封 面 設 計 | 倪旻鋒 |
| | |
| 責 任 編 輯 | 莊麗娜 |
| 行銷企畫經理 | 林麗紅 |
| 行 銷 企 畫 | 李映柔 |
| 出　　　　版 | 野人文化股份有限公司 |
| 發　　　　行 | 遠足文化事業股份有限公司（讀書共和國出版集團） |

地址：231 新北市新店區民權路 108-2 號 9 樓
電話：（02）2218-1417
傳真：（02）86671065
電子信箱：service@bookrep.com.tw
網址：www.bookrep.com.tw
郵撥帳號：19504465 遠足文化事業股份有限公司
客服專線：0800-221-029

特 別 聲 明：有關本書的言論內容，不代表本公司／出版集團之立
場與意見，文責由作者自行承擔。

法律顧問　華洋法律事務所　蘇文生律師
印　　製　凱林彩印股份有限公司
初　　版　2022 年 06 月 08 日
初版 5 刷　2024 年 04 月 18 日

978-986-384-716-8 (ISBN)
978-986-384-717-5 (PDF)
978-986-384-718-2 (EPUB)
有著作權　侵害必究

歡迎團體訂購，另有優惠，請洽業務部
（02）22181417 分機 1124

國家圖書館出版品預行編目（CIP）資料

甲蟲超人超圖解／黑貓老師著 . -- 初版 . -- 新北市：野人文化股份有限公司出版：遠足文化事業股份有限公司發行，2022.06　296 面；17×23 公分 .
（野人家：218）　ISBN 978-986-384-716-8（平裝）　1.CST：甲蟲　2.CST：寵物飼養

387.785　　　　　　　　　　　　　　　　　　　　　　　　　　　　　　　　　　　111006159

**野人文化**
**讀者回函卡**

野人

感謝您購買《甲蟲超人超圖解》

姓　名 _____ □女 □男　年齡 _____

地　址 _____

_____

電　話 _____ 手機 _____

Email _____

學　歷 □國中(含以下) □高中職　□大專　　□研究所以上
職　業 □生產/製造　□金融/商業　□傳播/廣告　□軍警/公務員
　　　 □教育/文化　□旅遊/運輸　□醫療/保健　□仲介/服務
　　　 □學生　　　□自由/家管　□其他

◆你從何處知道此書？
　□書店　□書訊　□書評　□報紙　□廣播　□電視　□網路
　□廣告DM　□親友介紹　□其他

◆您在哪裡買到本書？
　□誠品書店　□誠品網路書店　□金石堂書店　□金石堂網路書店
　□博客來網路書店　□其他_____

◆你的閱讀習慣：
　□親子教養　□文學　□翻譯小說　□日文小說　□華文小說　□藝術設計
　□人文社科　□自然科學　□商業理財　□宗教哲學　□心理勵志
　□休閒生活（旅遊、瘦身、美容、園藝等）　□手工藝／DIY　□飲食／食譜
　□健康養生　□兩性　□圖文書／漫畫　□其他

◆你對本書的評價：（請填代號，1. 非常滿意　2. 滿意　3. 尚可　4. 待改進）
　書名_____封面設計_____版面編排_____印刷_____內容_____
　整體評價_____

◆希望我們為您增加什麼樣的內容：

_____

_____

◆你對本書的建議：

_____

_____

廣　告　回　函
板橋郵政管理局登記證
板橋廣字第１４３號

郵資已付　免貼郵票

23141
新北市新店區民權路108-2號9樓
野人文化股份有限公司 收

野人

書名：甲蟲超人超圖解
書號：野人家 218